水利部示范性高等职业院校建设规划教材
中央财政支持专业特色教材

水利工程建设监理概论

（修订版）

主　编　吴矿山　牛　栋　王学武
副主编　韩冬梅　李雪转
主　审　王万生

黄河水利出版社
·郑州·

内 容 提 要

本书是水利部示范性高等职业院校建设规划教材、中央财政支持专业——水利水电建筑工程专业建设与课程改革教材，按照教育部颁布的水利工程建设监理概论课程标准，结合山西省水利工程建设监理工作实践编写完成的。全书共分8个项目，包括：监理基本知识、项目质量控制、工程施工进度控制、工程项目投资控制、项目合同管理、安全管理、项目信息管理、项目组织协调等内容。

本书为高等职业技术学院水利水电建筑工程、水利工程、水利工程管理等水利类专业的通用教材，也可作为从事水利水电工程监理、管理工作一线技术人员的培训教材和参考书。

图书在版编目（CIP）数据

水利工程建设监理概论/吴矿山，牛栋，王学武主编. —郑州：黄河水利出版社，2014.6 （2019.6 修订版重印）
水利部示范性高等职业院校建设规划教材
ISBN 978 - 7 - 5509 - 0815 - 4

Ⅰ. ①水… Ⅱ. ①吴… ②牛… ③王… Ⅲ. ①水利工程 - 监理工作 - 教材 Ⅳ. ①TV523

中国版本图书馆 CIP 数据核字（2014）第 123158 号

组稿编辑：王路平 电话：0371 - 66022212 E-mail：hhslwlp@163.com

出 版 社：黄河水利出版社 网址：www.yrcp.com
地址：河南省郑州市顺河路黄委会综合楼14层 邮政编码：450003
发行单位：黄河水利出版社
发行部电话：0371 - 66026940、66020550、66028024、66022620（传真）
E-mail：hhslcbs@126.com
承印单位：河南承创印务有限公司
开本：787 mm×1 092 mm 1/16
印张：11.25
字数：260 千字 印数：2 001—3 000
版次：2014 年 6 月第 1 版 印次：2019 年 6 月第 2 次印刷
2019 年 6 月修订版

定价：26.00 元

前 言

本书是根据《教育部关于全面提高高等职业教育教学质量的若干意见》(教高〔2006〕16号)、《教育部关于推进高等职业教育改革创新引领职业教育科学发展的若干意见》(教职成〔2011〕12号)等文件精神,根据水利部示范性高等职业院校建设计划水利水电建筑工程重点建设专业及专业群人才培养方案要求,在全国水利水电高职教研会指导下,依托中央财政“支持高等职业学校专业建设”项目经费组织编写的教材。

本套教材以学生能力培养为主线,以工作任务为载体,融“教、学、练、做”为一体,适合开展项目化教学,体现实用性、实践性和创新性的特色,是一套紧密联系生产实际的高职高专教育精品规划教材。

为了不断提高教材质量,编者于2019年6月对全书进行了认真修订完善,补充了国家及行业近几年颁布的最新规范、标准,改正了本书在教学实践中发现的问题和错误。

水利工程建设监理概论是水利水电建筑工程专业中一门理论与实践相结合的专业课程。本书在编写过程中,突出“工程案例——引出问题——解决问题(基本知识)”,充分将理论知识和生产实践紧密结合,将生产实践的具体做法和要求融入到课堂教学中,实现课程内容与职业标准对接,教学过程与生产过程对接,学生技能与工作岗位对接,并严格按照水利工程建设监理的新规范、新标准、新技术的要求编写。

本书主要介绍水利工程建设监理的基本知识和“三控制、两管理、一协调”及履行安全生产法定职责要求等监理有关知识。

本书在吸收有关教材精华的基础上,充实了新思想、新理论、新方法和新技术,增加了许多工程实际案例,强调课程内容的实用性和适用性,以期提高学生学习监理知识的积极性和解决工程实际问题的能力,实现毕业生完成由学生身份到监理工作者、工程建设管理者的良好对接。

本书由山西水利职业技术学院主持编写工作,编写人员及编写分工如下:项目1、5、6由吴矿山编写,项目2由山西省水利水电工程建设监理公司王学武编写,项目3、4由牛栋编写,项目7由新疆石河子职业技术学院韩冬梅编写,项目8由李雪转编写。本书由吴矿山、牛栋、王学武担任主编,吴矿山负责全书统稿;由韩冬梅、李雪转担任副主编;由山西省水利水电工程建设监理公司王万生担任主审。

本书在编写过程中得到了山西省水利水电工程建设监理公司王万生总经理等有关人员的热情帮助,并提供了大量的实际工程案例。山西水利职业技术学院张杰在全书编排、资料收集中做了大量工作。书中还参考并引用了有关院校编写的教材和生产单位的技术文献资料,除部分列出外,其余未能一一注明,在此一并致谢!

由于编写时间仓促,编者水平有限,书中难免存在错误和不足,恳切希望各校师生及其他读者提出批评和指正。

编 者

2019年6月

目 录

项目1 监理基本知识

任务1 案 例

1 案例1:某水利工程监理招标公告(摘自《中国采招网》)

一、工程概况及主要招标内容

×××水利工程项目已经上级主管部门批准(×发改建设〔2008〕××××号),现对该工程监理进行公开招标,选择监理企业。×××水利工程位于××省×县境内,是一项具有城镇供水、灌溉和人畜饮水等中型水利工程,坝址位于珠江流域南盘江水系的江浪河上。×××水库总库容1 670万m^3。

主要建设内容包括:大坝、溢洪道、泄洪洞、大坝基础固结灌浆及帷幕灌浆、隧洞及临时工程、机电设备及金属结构的采购、制作、安装等整个水利工程的监理。

二、标段划分:一个标段。

三、资质要求:具有(水利部颁发、住房和城乡建设部颁发)水利水电建设监理甲级资质监理企业可报名参加资格预审,只有通过资格预审的监理企业才能参加本次项目投标。不接受联合体投标。

四、报名提交资料:营业执照原件、资质证书原件或加盖单位公章和法定代表人印章的复印件、法人代表身份证或者法人代表授权委托书及被委托人身份证,××省外投标单位须在递交资格预审申请书之前提供按《××省省外勘察设计施工监理企业入本省管理规定》办理经水利工程专业管理部门确认的资质核验手续。并同时提交上述证书加盖单位公章和法定代表人印章的复印件1份。

五、资格预审报名地点:××××工程招标造价咨询有限公司(××市××路×××号×××)

六、投标报名及发售资格预审文件截止时间:2008年12月23日16:30。

七、资格预审申请文件的递交:递交经密封后的资格预审申请文件截止时间为2008年12月25日16:30,递交地点××工程招标造价咨询有限公司。逾期送达或者未送达指定地点的资格预审申请文件,招标人不予理会

八、联系电话:××××××× 传真:×××××××

九、报名及资格预审费:××元人民币。

十、联系人:×××

十一、招标人:××水资源开发有限公司×××水利工程项目部。招标代理单位:××工程招标造价咨询有限公司。

十二、发布公告日期:2008 年 12 月 19 日。

2 案例 2:我国监理企业及监理人员情况

2.1 监理企业

至 2011 年年底全国共有 6 512 个建设工程监理企业,其中,综合资质企业 83 个,甲级资质企业 2 407 个,乙级资质企业 2 392 个,丙级资质企业 1 598 个,事务所资质企业 32 个。具体分布见表 1-1 ~ 表 1-3。

表 1-1 全国建设工程监理企业按地区分布情况

地区名称	北京	天津	河北	山西	内蒙古	辽宁	吉林	黑龙江
企业个数	284	77	321	225	147	293	186	230
地区名称	上海	江苏	浙江	安徽	福建	江西	山东	河南
企业个数	193	602	341	223	163	139	491	313
地区名称	湖北	湖南	广东	广西	海南	重庆	四川	贵州
企业个数	244	193	429	154	38	87	284	65
地区名称	云南	西藏	陕西	甘肃	青海	宁夏	新疆	
企业个数	166	14	280	128	53	56	93	

表 1-2 全国建设工程监理企业按工商登记类型分布情况

工商登记类型	国有企业	集体企业	股份合作	有限责任	股份有限	私营企业	其他类型
企业个数	595	49	56	3 528	641	1 561	82

表 1-3 全国建设工程监理企业按专业工程类别分布情况

资质类别	综合资质	房屋建筑工程	冶炼工程	矿山工程	化工石油工程	水利水电工程
企业个数	83	5 398	52	31	134	76
资质类别	电力工程	农林工程	铁路工程	公路工程	港口与航道工程	航天航空工程
企业个数	195	20	54	27	10	6
资质类别	通信工程	市政公用工程	机电安装工程	事务所资质		
企业个数	15	376	3	32		

2.2 从业人员情况

截至 2013 年 1 月,全国工程监理企业注册监理工程师人数 135 419 人。

表1-4　全国各省、直辖市、自治区国家监理工程师分布(截至2013年1月)

序号	省、直辖市、自治区	人数	序号	省、直辖市、自治区	人数
1	北京市	9 918	18	湖南省	4 504
2	天津市	2 436	19	广东省	11 390
3	河北省	5 442	20	广西壮族自治区	2 579
4	山西省	4 029	21	海南省	631
5	内蒙古自治区	2 031	22	重庆市	2 444
6	辽宁省	5 934	23	四川省	7 024
7	吉林省	2 748	24	贵州省	1 060
8	黑龙江省	3 583	25	云南省	1 983
9	上海市	6 142	26	西藏自治区	120
10	江苏省	13 096	27	陕西省	2 942
11	浙江省	8 836	28	甘肃省	2 537
12	安徽省	3 719	29	青海省	460
13	福建省	3 975	30	宁夏回族自治区	677
14	江西省	2 030	31	新疆维吾尔自治区	2 056
15	山东省	9 420	32	总后基建营房部	457
16	河南省	6 313		全国合计	135 419
17	湖北省	4 903			

注：未包含具有执业资格，尚未注册人员。

任务2　学习内容

课前思考：

1. 什么是水利工程监理？我国工程监理发展阶段、监理单位取得业务的方式、监理的法律责任是什么？
2. 实行监理工程范围规模的标准规定是什么？
3. 水利工程监理招标条件是什么？工程建设阶段如何划分？
4. 监理企业资质及业务范围是怎样规定的？
5. 什么是监理工程师？
6. 项目监理机构如何建立？
7. 监理费的计算方法有哪些？
8. 工程建设风险对策有哪些？

1 水利工程建设监理

1.1 水利工程建设监理的概念,工程建设中的三大制度、三大主体

1.1.1 监理概念

监理即监督、管理的意思,属管理的职能,通过一系列活动对事物进行管理,以实现预期的目标。

监理是指由一个机构或执行者,依据一定的行为准则,对某一行为的有关主体进行监督管理,使这些行为符合准则要求,并协助行为主体实现其行为目的。

监理要素:①活动实施前,先有既定的目标;②由特定的执行者(可以是组织或个人)实施;③有明确的规则作依据;④对实施方的行为和结果进行监督。简言之,即目标、执行者、依据、监督。

1.1.2 工程监理概念

工程监理,就是监理的执行者(工程建设监理单位),依据有关工程建设的法律法规、技术标准、合同文件等,按照一定的方法,对工程建设参与者的行为及其实施成果,进行监督、管理,促使实现工程建设的进度、质量和投资预期目标。

1.1.3 水利工程监理概念

水利部《水利工程建设监理规定》指出:水利工程建设监理是指具有相应资质的水利工程建设监理单位,受项目法人委托,按照监理合同对水利工程建设项目实施中的质量、进度、资金、安全生产、环境保护等进行管理的活动。

1.1.4 我国工程项目建设中的三大制度、三大主体

1.1.4.1 我国工程建设项目管理实施的三大制度

工程建设项目管理的三大制度分别为项目法人责任制、招标投标制和建设监理制。

A. 项目法人责任制

投资者事先成立一个项目管理公司或现有的项目管理公司,以法人的身份对项目建设营运进行管理。水利部 1995 年 4 月《水利工程建设项目实行项目法人责任制的若干意见》水建〔1995〕129 号,做出了水利工程建设实施法人责任制的规定。1996 年 1 月 20 日国家计划委员会计建设〔1996〕673 号《关于实行建设项目法人责任制的暂行规定》更进一步规定,为了建立投资责任约束机制,规范项目法人的行为,明确其责、权、利,提高投资效益,依据《中华人民共和国公司法》,特制定本规定。国有单位经营性基本建设大中型项目在建设阶段必须组建项目法人。项目法人可按《中华人民共和国公司法》的规定设立有限责任公司(包括国有独资公司)和股份有限公司形式。实行项目法人责任制,由项目法人对项目的策划、资金筹措、建设实施、生产经营、债务偿还和资产的保值增值,实行全过程负责。国有单位经营性基本建设大中型项目在建设阶段必须组建项目法人。

项目法人责任制建立了投资约束机制,规范了建设单位的行为。实施项目法人责任制是适应社会主义市场经济,转换项目建设与经营体制,提高投资效益的重要举措。

新上项目在项目建议书被批准后,应及时组建项目法人筹备组,在项目可行性研究报告批准后,正式成立项目法人。

B. 招标投标制

招标投标是市场经济体制下买卖双方的一种主要的竞争性交易方式。在工程建设领域实施招标投标制就是在工程建设领域引入了竞争机制。建设工程凡是达到国家规定的规模和标准及国家规定必须进行招标投标的工程应通过项目招标投标来确定承担工程的单位。

《工程建设项目招标范围和规模标准规定》(国家计委令第3号)规定符合以下条件的工程项目需实行招标投标:

(1)关系社会公共利益、公众安全的基础设施项目。

(2)关系社会公共利益、公众安全的公用事业项目。

(3)使用国有资金投资项目。

(4)国家融资项目。

(5)使用国际组织或者外国政府资金的项目。

水利部令14号《水利工程建设项目招标投标管理规定》就水利工程建设实施招标投标制做出规定:符合下列具体范围并达到规模标准之一的水利工程建设项目必须进行招标。具体范围如下:

(1)关系社会公共利益、公共安全的防洪、排涝、灌溉、水力发电、引(供)水、滩涂治理、水土保持、水资源保护等水利工程建设项目。

(2)使用国有资金投资或者国家融资的水利工程建设项目。

(3)使用国际组织或者外国政府贷款、援助资金的水利工程建设项目。

规模标准如下:

(1)施工单项合同估算价在200万元人民币以上的。

(2)重要设备、材料等货物的采购,单项合同估算价在100万元人民币以上的。

(3)勘察设计、监理等服务的采购,单项合同估算价在50万元人民币以上的。

(4)项目总投资额在3 000万元人民币以上,但分标单项合同估算价低于本项第(1)、(2)、(3)规定的项目原则上都必须招标。

C. 建设监理制

符合规定的规模标准的建设工程必须执行监理管理的制度(国家规定除外的不实行)。《水利工程建设项目管理规定(试行)》规定,水利工程建设,要全面推行建设监理制。

1.1.4.2 建设市场三大主体

建设市场三大主体为建设单位、承包单位、监理单位。

(1)建设单位。建设单位也称业主单位或项目业主,指建设工程项目的投资主体或投资者。它全面负责项目筹资、建设与生产经营,它也是建设项目管理的主体。项目投资者可以是政府、企业、个人、外商,可以是独资或合资等。

(2)承包单位。承包单位指与建设单位签订工程承建合同,承包建设单位的建设任务的单位。如工程勘察、设计、施工、材料构配件供应等单位。就某一工程建设任务,与建设单位签订合同,其有关方就属于承包单位。

(3)监理单位。属中介服务单位,一般应具有法人资格、相应工程监理资格,从事工程建设监理工作的监理公司或事务所。监理单位具有社会化、专业化的特点。

1.1.5 监理单位与建设单位(项目法人)、承包单位的关系

1.1.5.1 监理单位与建设单位(项目法人)的关系

(1)监理单位与建设单位(项目法人)两者之间是法律地位平等主体关系;双方就工程建设监理服务,通过平等协商,达成一致意见,并以监理委托合同形式体现;二者属于合同的双方,是平等关系。

(2)监理单位与建设单位(项目法人)两者之间是委托与被委托、授权与被授权的关系;是项目法人将自己某些管理权限(非全部管理权限)以授权委托形式,授予对方。监理单位派出项目监理机构履行监理单位职责,由总监理工程师负责项目开工前,项目法人对监理单位派出的总监理工程师予以确认,并将总监理工程师姓名、赋予的权限、确认的监理计划书书面通知承包单位(被监理单位)。项目法人是项目管理主体,监理单位是项目管理的服务者。

1.1.5.2 监理单位与承包单位的关系

(1)法律地位平等的关系。二者之间虽没有合同关系,但由承包单位与建设单位签订的承包合同以及建设单位与监理单位签订的监理合同,将二者联系起来;二者是此两个合同中的平等主体,因此二者之间地位亦平等。

(2)二者是监理与被监理关系。承包合同和监理合同明确了二者之间的关系是监理与被监理关系。监理单位根据监理合同和承包合同相关条款规定对承包方实施监督管理。

《建设工程施工合同(示范文本)》通用条款规定了监理工程师对承包单位的监督管理权限。

1.2 我国建设监理发展历史

从新中国成立至20世纪80年代,我国固定资产投资基本上是由国家统一安排,由国家统一财政拨款,建设单位无需承担经济风险。当时,我国建设工程的管理基本上采用两种形式:①一般建设工程,由建设单位自己组成筹建机构,自行管理;②重大建设工程,从与该工程相关的单位抽调人员组成工程建设指挥部,由指挥部进行管理。

这两种管理形式,都是针对一个特定的建设工程临时组建的管理机构,相当一部分人员不具备建设工程管理的知识和经验,他们只能在工作实践中摸索,一旦工程建成投入使用,原有的工程管理机构就解散人员回到原单位或留在了工程管理单位。当有新的建设工程时再重新组建。这样,建设工程管理的经验不能承袭升华,不能用来指导今后的工程建设,而教训却不断重复,使我国建设工程管理水平长期在低水平徘徊,难以提高。

20世纪80年代我国进入了改革开放的新时代,国务院决定在基本建设和建筑业领域采取一些重大的改革措施,如投资有偿使用、投资主体多元化、工程招标投标制等,传统的建设工程管理形式已不适应新形势的要求。

我国通过对几十年建筑工程管理的反思和总结,并对国外工程管理制度与管理方法进行了考察,认识到建设单位的工程项目管理是一项专门的学问,需要一大批专门的机构和人才,建设单位的工程项目管理应当走专业化、社会化的道路。

1984年,我国第一次利用世界银行贷款修建位于云南南盘江支流黄泥河上的鲁布革水电站,这也是中国第一个使用工程监理的工程。当时,世界银行的要求是,引入国际通

行的菲迪克(FIDIC)管理模式,即由项目法人聘请专家来做第三方,通过专家与施工单位的沟通,主导整个建设过程。这也是中国最初的工程监理制度的模型,开创了中国水电站建设中质量高、速度快、造价低的新局面。1987 年 6 月,时任国务院副总理李鹏在中国施工工作会议上提出了“全面推广鲁布革经验”的号召。

1988 年《关于开展建设监理工作的通知》的颁布,使这一制度正式确立。

从我国监理发展过程来看,迄今为止,监理的发展大致可分为以下三个阶段:

(1)1988 ~ 1992 年为监理试点阶段。监理对象大多为国家、地方重点工程项目,如高速公路、城市标志性工程等。这一时期的监理方式主要为自行监理,即由项目法人直接派出人员组建监理队伍。重点在北京、上海、天津等 8 个城市和水电、交通两个行业开展试点工作。

(2)1993 ~ 1998 年四川綦江彩虹桥事件之前,为监理推广阶段。监理对象除一些重点工程外,还有一些具有一定规模、投资相对较大的工程项目,如市政工程、高层建筑、小区开发等。这一时期,监理队伍发展较快,社会监理机构发展迅速,监理方式除自行监理外开始委托社会化独立的监理单位。

(3)1998 年彩虹桥事件至今,为监理强制性维护阶段。只要涉及人民的生命、财产安全,符合规定规模标准的工程必须实行监理,监理方式主要是委托监理。作为监理这一行业,由于国家法律及政策等宣传作用,社会地位较高,监理受到社会尊重。1997 年开始实施的《中华人民共和国建筑法》明确规定,国家推行建设工程监理制度,从而明确了建设工程监理的法律地位。

《中华人民共和国建筑法》还指出,工程监理企业应当根据建设单位的委托,客观、公正地执行监理任务。《工程建设监理规定》和《建设工程监理规范》(GB/T 50319—2013)要求工程监理企业按照“公正、独立、自主”原则开展监理工作。

工程监理制度运行 20 多年,对控制工程质量、投资、进度发挥了重要作用,取得了明显效果,促进了我国工程建设管理水平的提高。

实行监理的成效体现在:一是工程质量普遍较好。近几年全国工程质量检查结果表明,各地监理工程的质量普遍得到了提高。二是提高了工程投资效益。一些大中型建设工程项目,通过实施监理,有效地控制了工程造价,节省了建设投资,取得了明显的投资效益。三是有效控制了工程建设工期。许多重大项目通过实施监理,不断优化进度计划,落实施工进度控制措施,保证了建设工程项目如期或提前建成并投入使用。四是工程监理制度得到社会广泛认可。目前,在水利、铁道、交通、电力、冶金、机电、林业、矿山、航空航天、石油化工、信息产业、轻工纺织、房屋建筑和市政公用等各类建设工程中普遍实施了工程监理制度,尤其是在三峡工程、南水北调、青藏铁路、西气东输、西电东送等一批国家重点工程和大中型建设工程项目中,工程监理的作用非常明显。

1.3 监理企业取得监理业务的基本方式

1.3.1 通过投标竞争取得监理业务

《中华人民共和国招标投标法》明确规定,关系公共利益安全、政府投资、外资工程等实行监理的必须招标。

《工程建设项目招标范围和规模标准规定》,若监理合同在 50 万元人民币以上,或总投资在3 000万元以上的项目,监理任务的委托应采用招标方式。

《水利工程建设监理规定》规定了必须实行监理的工程范围,《水利工程建设项目招标投标管理规定》又规定符合标准且监理服务单项合同估算价在50万元人民币以上,必须实行招标投标。

项目法人通过招标的方式选择监理单位。监理企业通过投标取得监理业务,这是市场经济体制下,比较普遍的形式。监理单位通过投标竞争的形式取得监理业务是方向,是发展的大趋势,是一种普遍的企业行为。招标投标又分为公开招标和邀请招标两种。公开招标是指招标人以招标公告的方式邀请不特定的法人或者其他组织投标。一般通过招标公告、投标报名(资格预审)、购买招标文件、编写投标文件、投标、开标、评标、定标、发中标通知书、签订合同等步骤实施(如任务1的案例1,即为公开招标方式)。邀请招标也称为有限竞争性招标,是指招标方选择若干监理单位,向其发出投标邀请,由被邀请的监理单位投标竞争,从中选定中标者的招标方式。

1.3.2 项目法人的直接委托取得监理业务

在不宜招标的机密工程或没有投标竞争对手,或者是工程规模比较小、比较简单的监理业务或者是对原监理单位的续用等情况下,项目法人都可以直接委托监理单位。

无论是通过投标承揽监理业务,还是由项目法人直接委托取得监理业务,都有一个共同的前提,即监理单位的资质能力和社会信誉得到项目法人的认可。

2 实行监理工程范围规模的标准规定

2.1 《建设工程质量管理条例》和建设部《建设工程监理范围和规模标准规定》

根据《建设工程质量管理条例》和建设部《建设工程监理范围和规模标准规定》,下列建设工程必须实行监理:

(1)国家重点建设工程;

(2)大中型公用事业工程;

(3)成片开发建设的住宅小区工程;

(4)利用外国政府或者国际组织贷款、援助资金的工程;

(5)国家规定必须实行监理的其他工程。

国家重点建设工程,是指依据《国家重点建设项目管理办法》所确定的对国民经济和社会发展有重大影响的骨干项目。

大中型公用事业工程,是指项目总投资额在3 000万元以上的下列工程项目:

(1)供水、供电、供气、供热等市政工程项目;

(2)科技、教育、文化等项目;

(3)体育、旅游、商业等项目;

(4)卫生、社会福利等项目;

(5)其他公用事业项目。

成片开发建设的住宅小区工程,建筑面积在5万 m^2 以上的住宅建设工程必须实行监理;5万 m^2 以下的住宅建设工程,可以实行监理,具体范围和规模标准由省、自治区、直辖市人民政府建设行政主管部门规定。为了保证住宅质量,对高层住宅及地基、结构复杂的多层住宅应当实行监理。

利用外国政府或者国际组织贷款、援助资金的工程范围包括：

(1)使用世界银行、亚洲开发银行等国际组织贷款资金的项目；

(2)使用国外政府及其机构贷款资金的项目；

(3)使用国际组织或者国外政府援助资金的项目。

国家规定必须实行监理的其他工程是指：

(1)项目总投资额在3 000万元以上关系社会公共利益、公众安全的下列基础设施项目：煤炭、石油、化工、天然气、电力、新能源等项目，铁路、公路、管道、水运、民航以及其他交通运输业等项目，邮政、电信枢纽、通信、信息网络等项目，防洪、灌溉、排涝、发电、引水、供水、滩涂治理、水资源保护、水土保持等水利建设项目，道路、桥梁、地铁和轻轨交通、污水排放及处理、垃圾处理、地下管道、公共停车场等城市基础设施项目，生态环境保护项目；其他基础设施项目。

(2)学校、影剧院、体育场馆项目。

2.2 《水利工程建设监理规定》

《水利工程建设监理规定》(水利部令28号)指出：水利工程建设项目依法实行建设监理。

总投资200万元以上且符合下列条件之一的水利工程建设项目，必须实行建设监理：

(1)关系社会公共利益或者公共安全的；

(2)使用国有资金投资或者国家融资的；

(3)使用外国政府或者国际组织贷款、援助资金的。

符合以上条件的监理酬金在50万元人民币以上，或总投资在3 000万元以上的项目，监理任务的委托应采用招标方式。

3 水利工程监理招标的条件及建设程序

3.1 水利工程监理招标条件

水利部令14号《水利工程建设项目招标投标管理规定》，水利工程建设项目招标应当具备以下条件：①初步设计已经批准；②监理所需资金已落实；③项目已列入年度计划。

3.2 水利工程建设程序的八个阶段

《水利工程建设程序管理暂行规定》由国家投资、中央和地方合资、企事业单位独资或合资以及其他投资方式兴建的防洪、除涝、灌溉、发电、供水、围垦等大中型(包括新建、续建、改建、加固、修复)工程建设项目。建设程序一般由以下八个阶段构成。

3.2.1 项目建议书阶段

项目建议书应根据国民经济和社会发展长远规划、流域综合规划、区域综合规划、专业规划，按照国家产业政策和国家有关投资建设方针进行编制，是对拟进行建设项目的初步说明。项目建议书编制一般由政府委托有相应资格的设计单位承担，并按国家现行规定权限向主管部门申报审批。项目建议书被批准后，由政府向社会公布，若有投资建设意向，应及时组建项目法人筹备机构，开展下一建设程序工作。

3.2.2 可行性研究报告阶段

(1)可行性研究应对项目进行方案比较,在技术上是否可行和经济上是否合理进行科学的分析和论证。经过批准的可行性研究报告,是项目决策和进行初步设计的依据。可行性研究报告,由项目法人(或筹备机构)组织编制。

(2)可行性研究报告,按国家现行规定的审批权限报批。审批部门要委托有项目相应资格的工程咨询机构对可行性报告进行评估,并综合行业归口主管部门、投资机构(公司)、项目法人(或项目法人筹备机构)等方面的意见进行审批。

(3)可行性研究报告经批准后,不得随意修改和变更,在主要内容上有重要变动,应经原批准机关复审同意。项目可行性报告批准后,应正式成立项目法人,并按项目法人责任制实行项目管理。

3.2.3 初步设计阶段

(1)初步设计是根据批准的可行性研究报告和必要而准确的设计资料,对设计对象进行通盘研究,阐明拟建工程在技术上的可行性和经济上的合理性,规定项目的各项基本技术参数,编制项目的总概算。初步设计任务应择优选定有项目相应资格的设计单位承担,依照有关初步设计编制规定进行编制。

(2)初步设计文件报批前,一般须由项目法人委托有相应资格的工程咨询机构或组织行业各方面(包括管理、设计、施工、咨询等方面)的专家,对初步设计中的重大问题进行咨询论证。设计单位根据咨询论证意见,对初步设计文件进行补充、修改、优化。初步设计由项目法人组织审查后,按国家现行规定权限向主管部门申报审批。

(3)设计单位必须严格保证设计质量,承担初步设计的合同责任。初步设计文件经批准后,主要内容不得随意修改、变更,并作为项目建设实施的技术文件基础。如有重要修改、变更,须经原审批机关复审同意。

3.2.4 施工准备阶段

(1)项目在主体工程开工之前,必须完成各项施工准备工作,其主要内容包括:

①施工现场的征地、拆迁;

②完成施工用水、电、通信、道路和场地平整等工程;

③必须的生产、生活临时建筑工程;

④组织招标设计、咨询、设备和物资采购等服务;

⑤组织建设监理和主体工程招标投标,并择优选定建设监理单位和施工承包队伍。

(2)施工准备工作开始前,项目法人或其代理机构,向水行政主管部门办理报建手续,项目报建须交验工程建设项目的有关批准文件。工程项目进行项目报建登记后,方可组织施工准备工作。

(3)工程建设项目施工,除某些不适应招标的特殊工程项目外(须经水行政主管部门批准),均须实行招标投标。

3.2.5 建设实施阶段

(1)建设实施阶段是指主体工程的建设实施,项目法人按照批准的建设文件,组织工程建设,保证项目建设目标的实现。

(2)项目法人或其代理机构必须按审批权限,向主管部门提出主体工程开工申请报告，经批准后，主体工程方能正式开工。

(3)项目法人要充分发挥建设管理的主导作用，为施工创造良好的建设条件。项目法人要充分授权工程监理，使之能独立负责项目的建设工期、质量、投资的控制和现场施工的组织协调。监理单位选择必须符合《水利工程建设监理规定》(水利部水建〔1996〕396号)的要求。

(4)要按照“政府监督、项目法人负责、社会监理、企业保证”的要求，建立健全质量管理体系，重要建设项目须设立质量监督项目站，行使政府对项目建设的监督职能。

3.2.6 生产准备阶段

(1)生产准备是项目投产前所要进行的一项重要工作，是建设阶段转入生产经营的必要条件。项目法人应按照建管结合和项目法人责任制的要求，适时做好有关生产准备工作。

(2)生产准备应根据不同类型的工程要求确定，一般应包括如下主要内容：

①生产组织准备。建立生产经营的管理机构及相应管理制度。

②招收和培训人员。按照生产运营的要求，配备生产管理人员，并通过多种形式的培训，提高人员素质，使之能满足运营要求。

③生产技术准备。主要包括技术资料的汇总、运行技术方案的制订、岗位操作规程制订和新技术准备。

④生产的物资准备。主要是落实投产运营所需要的原材料、协作产品、工器具、备品备件和其他协作配合条件的准备。

⑤正常的生活福利设施准备。

⑥签订产品销售合同等。

(3)及时具体落实产品销售合同协议的签订，提高生产经营效益，为偿还债务和资产的保值增值创造条件。

3.2.7 竣工验收

竣工验收是工程完成建设目标的标志，是全面考核基本建设成果、检验设计和工程质量的重要步骤。竣工验收合格的项目即从基本建设转入生产或使用。

水利工程建设项目验收，按验收主持单位性质不同分为法人验收和政府验收两类。

(1)法人验收。法人验收是指在项目建设过程中由项目法人组织的验收。工程建设完成分部工程、单位工程、单项合同工程，或者中间机组启动前，应当组织法人验收。法人验收由项目法人主持。验收工作组由项目法人、设计、施工、监理等单位的代表组成，必要时可以邀请工程运行管理单位等参建单位以外的代表及专家参加。法人验收是政府验收的基础。

(2)政府验收。政府验收是由有关人民政府、水行政主管部门或者其他有关部门组织进行的验收，包括专项验收、阶段验收和竣工验收。当水利工程项目具备验收条件时，应当及时组织验收。未经验收或者验收不合格的，不得交付使用或者进行后续工程施工。

3.2.8 后评价

(1)建设项目竣工投产后，一般经过1～2年生产运营后，要进行一次系统的项目后评价，主要内容包括：影响评价——项目投产后对各方面的影响进行评价；经济效益评价——项目投资、国民经济效益、财务效益、技术进步和规模效益、可行性研究深度等进行评价；过程评价——对项目的立项、设计施工、建设管理、竣工投产、生产运营等全过程进行评价。

（2）项目后评价一般按三个层次组织实施，即项目法人的自我评价、项目行业的评价、计划部门（或主要投资方）的评价。

通过建设项目的后评价以达到肯定成绩、总结经验、研究问题、吸取教训、提出建议、改进工作，不断提高项目决策水平和投资效果的目的。

4 监理企业资质及业务范围

企业资质是指企业从事某项业务的资格证明，由企业申请，相关部门进行资格认定，合格颁发资质证书；取得资质证书才能从事相关业务。监理企业资质是监理企业注册资金、企业技术力量、试验检测设备配备、管理水平、以往监理业绩等方面的综合反映。经监理企业申请，有关部门审核批准而取得。是监理企业从事监理业务的必要条件。

本项目任务1中案例1中提出的监理企业资质“具有（水利部颁发、住房和城乡建设部颁发）水利水电建设监理甲级资质监理企业”。由此知三重含义：其一监理企业资质，有水利部和住房和城乡建设部等部门颁发之分；其二分专业，要求为水利水电工程专业；其三，分等级，要求为甲级。

山西省水利水电工程建设监理公司，目前具有住房和城乡建设部颁发的房屋建筑专业甲级监理资质和水利部颁发的水利工程施工监理甲级资质、水土保持工程施工监理甲级资质、机电及金属结构设备制造监理乙级资质、水利工程建设环境保护监理资质，山西省建设厅颁发的房屋建筑工程和市政公用工程乙级监理资质。已核准的营业范围为：各类水利水电工程、各级堤防工程、供（引）水工程、水土保持生态建设工程、工业与民用建筑工程、市政工程的监理。

4.1 水利工程建设监理单位资质

根据水利部2010年5月14日（水利部令40号）《水利部关于修改〈水利工程建设监理单位资质管理办法〉的决定》（注：原《水利工程建设监理单位资质管理办法》2006年12月18日水利部令第29号公布））对水利工程建设监理单位资质做了相应规定。

水利工程建设监理单位资质分为水利工程施工、水土保持工程施工、机电及金属结构设备制造和水利工程建设环境保护监理四个专业。其中，水利工程施工监理专业资质和水土保持工程施工监理专业资质分为甲级、乙级和丙级三个等级，机电及金属结构设备制造监理专业资质分为甲级、乙级两个等级，水利工程建设环境保护监理专业资质暂不分级。

《水利工程建设监理单位资质管理办法》规定水利工程建设监理单位，应当按照其拥有的技术负责人、专业技术人员、注册资金和工程监理业绩等条件，申请相应的资质等级。标准如下。

4.1.1 甲级监理单位资质条件

（1）具有健全的组织机构、完善的组织章程和管理制度。技术负责人具有高级专业技术职称，并取得总监理工程师岗位证书。

(2)专业技术人员。监理工程师以及其中具有高级专业技术职称的人员、总监理工程师,均不少于表1-5规定的人数。水利工程造价工程师(或者从事水利工程造价工作5年以上并具有中级专业技术职称的人员)不少于3人。

表1-5　各专业资质等级配备监理工程师一览表

监理单位资质等级	水利工程施工监理专业资质			水土保持工程施工监理专业资质			机电及金属结构设备制造监理专业资质			水利工程建设环境保护监理专业资质		
	监理工程师	其中高级职称人员	其中总监理工程师	监理工程师	其中高级职称人员	其中总监理工程师	监理工程师	其中高级职称人员	其中总监理工程师	监理工程师	其中高级职称人员	其中总监理工程师
甲级	40	8	7	25	5	4	25	5	4	—	—	—
乙级	25	5	3	15	3	2	12	3	2	—	—	—
丙级	10	3	1	10	3	1	—	—	—	—	—	—
不定级	—	—	—	—	—	—	—	—	—	10	3	1

(3)具有五年以上水利工程建设监理经历,且近三年监理业绩分别为:

①申请水利工程施工监理专业资质,应当承担过(含正在承担,下同)2项Ⅱ等水利枢纽工程,或者1项Ⅱ等水利枢纽工程、2项Ⅱ等(堤防2级)其他水利工程的施工监理业务;该专业资质许可的监理范围内的近三年累计合同额不少于600万元。

承担过水利枢纽工程中的挡、泄、导流、发电工程之一的,可视为承担过水利枢纽工程。

②申请水土保持工程施工监理专业资质,应当承担过2项Ⅱ等水土保持工程的施工监理业务;该专业资质许可的监理范围内的近三年累计合同额不少于350万元。

③申请机电及金属结构设备制造监理专业资质,应当承担过4项中型机电及金属结构设备制造监理业务;该专业资质许可的监理范围内的近三年累计合同额不少于300万元。

(4)能运用先进技术和科学管理方法完成建设监理任务。

(5)注册资金不少于200万元。

4.1.2　乙级监理单位资质条件

(1)具有健全的组织机构、完善的组织章程和管理制度。技术负责人具有高级专业技术职称,并取得总监理工程师岗位证书。

(2)专业技术人员。监理工程师以及其中具有高级专业技术职称的人员、总监理工程师,均不少于表1-5规定的人数。水利工程造价工程师(或者从事水利工程造价工作5年以上并具有中级专业技术职称的人员)不少于2人。

(3)具有三年以上水利工程建设监理经历,且近三年监理业绩分别为:

①申请水利工程施工监理专业资质,应当承担过3项Ⅲ等水利枢纽工程,或者2项Ⅲ等水利枢纽工程、2项Ⅲ等(堤防3级)其他水利工程的施工监理业务;该专业资质许可的

监理范围内的近三年累计合同额不少于400万元。

②申请水土保持工程施工监理专业资质,应当承担过4项Ⅲ等水土保持工程的施工监理业务;该专业资质许可的监理范围内的近三年累计合同额不少于200万元。

(4)能运用先进技术和科学管理方法完成建设监理任务。

(5)注册资金不少于100万元。

首次申请机电及金属结构设备制造监理专业乙级资质的,只需满足第(1)、(2)、(4)、(5)项;申请重新认定、延续或者核定机电及金属结构设备制造监理专业乙级资质,还须该专业资质许可的监理范围内的近三年年均监理合同额不少于30万元。

4.1.3 丙级和不定级监理单位资质条件

(1)具有健全的组织机构、完善的组织章程和管理制度。技术负责人具有高级专业技术职称,并取得总监理工程师岗位证书。

(2)专业技术人员。监理工程师以及其中具有高级专业技术职称的人员、总监理工程师,均不少于表1-5规定的人数。水利工程造价工程师(或者从事水利工程造价工作5年以上并具有中级专业技术职称的人员)不少于1人。

(3)能运用先进技术和科学管理方法完成建设监理任务。

(4)注册资金不少于50万元。

申请重新认定、延续或者核定丙级(或者不定级)监理单位资质,还须专业资质许可的监理范围内的近三年年均监理合同额不少于30万元。

4.2 水利工程建设监理单位业务范围

4.2.1 水利工程施工监理专业资质

甲级可以承担各等级水利工程的施工监理业务。

乙级可以承担Ⅱ等(堤防2级)以下各等级水利工程的施工监理业务。

丙级可以承担Ⅲ等(堤防3级)以下各等级水利工程的施工监理业务。

水利工程等级划分标准按照《水利水电工程等级划分及洪水标准》(SL 252—2000)执行。

4.2.2 水土保持工程施工监理专业资质

甲级可以承担各等级水土保持工程的施工监理业务。

乙级可以承担Ⅱ等以下各等级水土保持工程的施工监理业务。

丙级可以承担Ⅲ等水土保持工程的施工监理业务。

同时具备水利工程施工监理专业资质和乙级以上水土保持工程施工监理专业资质的,方可承担淤地坝中的骨干坝施工监理业务。

水土保持工程等级划分标准见附件1。

4.2.3 机电及金属结构设备制造监理专业资质

甲级可以承担水利工程中的各类型机电及金属结构设备制造监理业务。

乙级可以承担水利工程中的中、小型机电及金属结构设备制造监理业务。

机电及金属结构设备等级划分标准见附件1。

4.2.4 水利工程建设环境保护监理专业资质

可以承担各类各等级水利工程建设环境保护监理业务。

4.3 住房和城乡建设部监理单位资质规定

住房和城乡建设部(原建设部)《工程监理企业资质管理规定》(建设部令158号、2007年8月1日起施行)将工程监理企业资质分为综合资质、专业资质和事务所资质。其中,专业资质按照工程性质和技术特点划分为十四个工程类别。综合资质、事务所资质不分级别。专业资质有甲级、乙级之分;另外,房屋建筑、水利水电、公路和市政公用专业资质还可设立丙级。

工程监理企业的资质等级标准如下。

4.3.1 综合资质标准

(1)具有独立法人资格且注册资本不少于600万元。

(2)企业技术负责人应为注册监理工程师,并具有15年以上从事工程建设工作的经历或者具有工程类高级职称。

(3)具有5个以上工程类别的专业甲级工程监理资质。

(4)注册监理工程师不少于60人,注册造价工程师不少于5人,一级注册建造师、一级注册建筑师、一级注册结构工程师或者其他勘察设计注册工程师合计不少于15人次。

(5)企业具有完善的组织结构和质量管理体系,有健全的技术、档案等管理制度。

(6)企业具有必要的工程试验检测设备。

(7)申请工程监理资质之日前一年内没有《工程监理企业资质管理规定》第十六条规定的禁止行为(注本项目1第4.6.3规定,后简称为第十六条规定)禁止的行为。

(8)申请工程监理资质之日前一年内没有因本企业监理责任造成重大质量事故。

(9)申请工程监理资质之日前一年内没有因本企业监理责任发生三级以上工程建设重大安全事故或者发生两起以上四级工程建设安全事故。

4.3.2 专业资质标准

4.3.2.1 甲级

(1)具有独立法人资格且注册资本不少于300万元。

(2)企业技术负责人应为注册监理工程师,并具有15年以上从事工程建设工作的经历或者具有工程类高级职称。

(3)注册监理工程师、注册造价工程师、一级注册建造师、一级注册建筑师、一级注册结构工程师或者其他勘察设计注册工程师合计不少于25人次;其中,相应专业注册监理工程师不少于表1-6中要求配备的人数,注册造价工程师不少于2人。

(4)企业近2年内独立监理过3个以上相应专业的二级工程项目,但是,具有甲级设计资质或一级及以上施工总承包资质的企业申请本专业工程类别甲级资质的除外。

(5)企业具有完善的组织结构和质量管理体系,有健全的技术、档案等管理制度。

(6)企业具有必要的工程试验检测设备。

(7)申请工程监理资质之日前一年内没有第十六条规定禁止的行为。

(8)申请工程监理资质之日前一年内没有因本企业监理责任造成重大质量事故。

(9)申请工程监理资质之日前一年内没有因本企业监理责任发生三级以上工程建设重大安全事故或者发生两起以上四级工程建设安全事故。

4.3.2.2　乙级

(1)具有独立法人资格且注册资本不少于100万元。

(2)企业技术负责人应为注册监理工程师,并具有10年以上从事工程建设工作的经历。

表1-6　专业资质注册监理工程师人数配备表　(单位:人)

序号	工程类别	甲级	乙级	丙级
1	房屋建筑工程	15	10	5
2	冶炼工程	15	10	
3	矿山工程	20	12	
4	化工石油工程	15	10	
5	水利水电工程	20	12	5
6	电力工程	15	10	
7	农林工程	15	10	
8	铁路工程	23	14	
9	公路工程	20	12	5
10	港口与航道工程	20	12	
11	航天航空工程	20	12	
12	通信工程	20	12	
13	市政公用工程	15	10	5
14	机电安装工程	15	10	

注:表中各专业资质注册监理工程师人数配备是指企业取得本专业工程类别注册的注册监理工程师人数。

(3)注册监理工程师、注册造价工程师、一级注册建造师、一级注册建筑师、一级注册结构工程师或者其他勘察设计注册工程师合计不少于15人次。其中,相应专业注册监理工程师不少于表1-6中要求配备的人数,注册造价工程师不少于1人。

(4)有较完善的组织结构和质量管理体系,有技术、档案等管理制度。

(5)有必要的工程试验检测设备。

(6)申请工程监理资质之日前一年内没有第十六条规定禁止的行为。

(7)申请工程监理资质之日前一年内没有因本企业监理责任造成重大质量事故。

(8)申请工程监理资质之日前一年内没有因本企业监理责任发生三级以上工程建设重大安全事故或者发生两起以上四级工程建设安全事故。

4.3.2.3　丙级

(1)具有独立法人资格且注册资本不少于50万元。

(2)企业技术负责人应为注册监理工程师,并具有8年以上从事工程建设工作的经历。

(3)相应专业的注册监理工程师不少于表1-6中要求配备的人数。

(4)有必要的质量管理体系和规章制度。

(5)有必要的工程试验检测设备。

4.3.3 事务所资质标准

(1)取得合伙企业营业执照,具有书面合作协议书。

(2)合伙人中有3名以上注册监理工程师,合伙人均有5年以上从事建设工程监理的工作经历。

(3)有固定的工作场所。

(4)有必要的质量管理体系和规章制度。

(5)有必要的工程试验检测设备。

4.4 住房和城乡建设部对各等级工程监理企业资质业务范围的规定

4.4.1 综合资质

可以承担所有专业工程类别建设工程项目的工程监理业务。

4.4.2 专业资质

4.4.2.1 专业甲级资质

可承担相应专业工程类别建设工程项目的工程监理业务。

4.4.2.2 专业乙级资质

可承担相应专业工程类别二级以下(含二级)建设工程项目的工程监理业务。

4.4.2.3 专业丙级资质

可承担相应专业工程类别三级建设工程项目的工程监理业务。

4.4.3 事务所资质

可承担三级建设工程项目的工程监理业务,但是,国家规定必须实行强制监理的工程除外。

工程监理企业可以开展相应类别建设工程的项目管理、技术咨询等业务。

4.5 建设工程监理的性质及监理单位经营活动的准则

4.5.1 建设工程监理的性质

建设工程监理的性质可以概括为服务性、科学性、独立性和公正性四个方面。

4.5.1.1 服务性

建设工程监理具有服务性。工程监理企业既不直接进行工程设计,也不直接进行工程施工;既不向建设单位承包工程造价,也不参与承包商的利益分成。在工程建设中,监理人员利用自己的知识、技能和经验、信息以及必要的试验、检测手段,为建设单位提供管理和技术服务。

建设工程监理的服务对象是建设单位。工程监理企业不能完全取代建设单位的管理活动。它不具有工程建设重大问题的决策权,它只能在建设单位授权范围内采用规划、控制、协调的方法,控制建设工程的投资、进度和质量,协助建设单位在计划目标内完成工程建设并投入使用。

4.5.1.2 科学性

科学性是由建设工程监理要达到的基本目的决定的。建设工程监理以协助建设单位实现其投资目的为己任,力求在计划目标内建成工程。面对工程规模日趋庞大,环境日益复杂,功能、标准要求越来越高,新技术、新工艺、新材料、新设备不断涌现,参与工程建设的单位越来越多,工程风险日渐增加的情况,只有采用科学的思想、理论、方法和手段才能驾驭工程建设。

科学性主要表现在：工程监理企业应当由组织管理能力强、工程建设经验丰富的人员担任领导；应当有足够数量的、有丰富的管理经验和应变能力的监理工程师组成的骨干队伍；要有一套健全的管理制度；要掌握先进的管理理论、方法和手段；要积累足够的技术、经济资料和数据；要有科学的工作态度和严谨的工作作风，能够创造性地开展工作。

4.5.1.3 独立性

《中华人民共和国建筑法》明确指出，工程监理企业应当根据建设单位的委托，客观、公正地执行监理任务。《建设工程监理规范》(GB/T 50319—2013)要求工程监理企业按照“公正、独立、自主”的原则开展监理工作。

按照独立性要求，工程监理单位应当严格按照有关法律法规、工程建设文件、工程建设技术标准、建设工程监理合同、有关的建设工程合同等实施监理；在委托监理的工程中，不得与承包单位有隶属关系和其他利害关系；在开展工程监理的过程中，必须建立自己的组织，按照自己的工作计划、程序、流程、方法、手段，根据自己的判断，独立地开展工作。

4.5.1.4 公正性

公正性是社会公认的职业道德准则，是监理行业能够长期生存和发展的基本职业道德准则。在开展建设工程监理的过程中，工程监理企业应当排除各种干扰，客观、公正地对待建设单位和承包单位。特别是当建设单位和承包单位发生利益冲突或者矛盾时，工程监理企业应当以事实为依据，以法律和有关合同为准绳，在维护建设单位合法权益的同时，不能损害承包单位的合法权益。

4.5.2 监理单位经营的基本准则

监理单位在经营活动中应遵守“守法、诚信、公正、科学”的基本准则。

4.5.2.1 守法

守法，即遵守国家有关工程建设监理法律法规、规范、标准。对于监理单位而言，守法即是依法经营。

(1)监理单位只能在核定的业务范围内开展经营活动。即监理单位应按资质证书填写专业、等级承揽业务。核定的业务范围包括两方面：一是监理业务的工程类别，二是承接监理工程的等级。

(2)监理单位不得伪造、涂改、出租、出借、转让、出卖资质等级证书。

(3)水利工程建设监理合同一经双方当事人依法签订，即具有法律约束力，工程监理单位应认真履行合同约定义务和职责。

(4)监理单位离开原住所承接监理业务，要自觉遵守当地人民政府颁发的监理法规和有关规定，并主动到监理工程所在地的省、自治区、直辖市建设行政主管部门备案登记，接受其指导和监督管理。

(5)遵守国家关于企业法人的其他法律法规的规定，包括行政的、经济的和技术的。

4.5.2.2 诚信

诚信，即诚实守信用。监理单位在生产经营过程中、在合同履行过程中都应忠诚老实、讲信用，取信于项目法人、取信于市场。它要求一切市场参与者在不损害他人利益和社会公共利益的前提下，追求自己的利益，目的是在当事人之间的利益关系和当事人与社会之间的利益关系中实现平衡,并维护市场道德秩序。诚信原则的主要作用在于指导当事人以善意的心态、诚信的态度行使民事权利,承担民事义务,正确地从事民事活动。

4.5.2.3 公正

公正,是要求工程监理单位在监理活动中公正处理项目法人和施工承包单位之间的矛盾和纠纷。因为监理业务是受项目法人委托,监理单位维护项目法人的利益容易做到,但维护承包商的利益较难。公正就是监理在处理二者矛盾和纠纷时,不偏不倚,以事实为根据,按照有关法律法规、规范、标准、有关合同等,处理好双方关系。

监理单位在执行监理过程中,应做到:

(1)培养良好的职业道德,不为私利而违心地处理问题。

(2)坚持实事求是的原则,不唯上级或项目法人的意见是从。

(3)提高综合分析问题的能力,不为局部问题或表面现象所迷惑。

(4)不断提高自己的专业技术能力,尤其是要尽快提高综合理解、熟练运用建设工程有关合同条款的能力,以便以合同条款为依据,恰当地协调、处理问题。

4.5.2.4 科学

所谓科学,是指监理单位的监理活动要依据科学的方案,要运用科学的手段,要采取科学的方法,工程项目监理结束后,还要进行科学总结。

(1)科学的方案。工程监理方案主要是指工程监理规划和监理细则。用科学的监理计划指导监理工作。

(2)科学的手段。实施工程监理必须借助于先进的科学仪器才能做好监理工作,如各种检测、试验、化验仪器、摄录像设备及计算机等。

(3)科学的方法。监理人员应采取科学的规划、控制、协调方法,适时、妥当、高效地处理有关问题,解决问题要用事实说话、用书面文字说话、用数据说话;要开发、利用计算机软件辅助工程监理。

4.6 违规处理

工程监理单位必须依法开展监理业务,全面履行委托监理合同约定的责任和义务。在出现违规现象时,建设监理主管部门将根据情节给予必要的处罚。

4.6.1 《工程建设质量管理条例》的规定

(1)禁止工程监理单位超越本单位资质等级许可的范围或者以其他工程监理单位的名义承担工程监理业务。

禁止工程监理单位允许其他单位或者个人以本单位的名义承担工程监理业务。

工程监理单位超越本单位资质等级承揽工程的,责令停止违法行为,并处合同约定的监理酬金1倍以上2倍以下的罚款。

未取得资质证书承揽工程的,吊销资质证书,并依照上述规定处以罚款,有违法所得的,予以没收。

(2)工程监理单位不得转让工程监理业务。

工程监理单位转让工程监理业务的,责令改正,没收违法所得,处合同约定的监理酬金25%以上50%以下的罚款。

可以责令停业整顿,降低资质等级;情节严重的,吊销资质证书。

(3)工程监理单位与被监理工程的施工承包单位以及建筑材料、建筑构配件和设备供应单位有隶属关系或者其他利害关系的,不得承担该项建设工程的监理业务。

工程监理单位与被监理工程的施工承包单位以及建筑材料、建筑构配件和设备供应单位有隶属关系或者其他利害关系承担该项建设工程的监理业务的,责令改正,处5万元以上10万元以下的罚款,降低资质等级或者吊销资质证书;有违法所得的,予以没收。

(4)工程监理单位应当依照法律法规以及有关技术标准、设计文件和建设工程承包合同,代表建设单位对施工质量实施监理,并对施工质量承担监理责任。

(5)工程监理单位有下列行为之一的,责令改正,处50万元以上100万元以下的罚款,降低资质等级或者吊销资质证书;有违法所得的,予以没收;造成损失的,承担连带赔偿责任:

①与建设单位或者施工单位串通,弄虚作假、降低工程质量的。

②将不合格的建设工程、建筑材料、建筑构配件和设备按照合格签字的。

违反以上规定给予单位处罚的,对监理单位直接负责的主管人员和其他直接责任人员处单位罚款数额的5%以上10%以下罚款。

对违反国家规定,降低工程质量标准,造成重大安全事故的,对直接责任人员依法追究刑事责任。

4.6.2 《水利工程建设监理规定》(水利部28号令)的规定

监理单位有以下行为,予以处罚:

(1)超越本单位资质等级许可的业务范围承揽监理业务。

(2)未取得相应资质等级承揽监理业务。

(3)以欺骗手段取得的资质等级证书承揽监理业务。

(4)允许其他单位或者个人以本单位的名义承揽监理业务。

(5)转让监理业务。

(6)与项目法人或被监理单位串通,弄虚作假、降低工程质量的。

(7)将不合格的建筑工程、建筑材料、建筑构配件和设备按照合格签字。

(8)与被监理单位以及建筑材料、建筑构配件和设备供应单位有隶属关系或其他利害关系承担该项建设工程的监理业务。

4.6.3 《工程监理企业资质管理规定》(建设部令第158号)的规定

工程监理企业不得有下列行为:

(1)与建设单位串通投标或者与其他工程监理企业串通投标,以行贿手段谋取中标。

(2)与建设单位或者施工单位串通弄虚作假、降低工程质量。

(3)将不合格的建设工程、建筑材料、建筑构配件和设备按照合格签字。

(4)超越本企业资质等级或以其他企业名义承揽监理业务。

(5)允许其他单位或个人以本企业的名义承揽工程。

(6)将承揽的监理业务转包。

(7)在监理过程中实施商业贿赂。

(8)涂改、伪造、出借、转让工程监理企业资质证书。

(9)其他违反法律法规的行为。

5 监理工程师

5.1 监理工程师概念

2015年1月30日实施的《水利工程施工监理规范》(SL 288—2014)规定:取得“全国水利工程建设监理工程师资格证书”,并按照规定注册,取得“水利工程建设监理工程师注册证书”,在监理机构中承担施工监理工作的人员称为监理工程师。这里也习惯称为水利监理工程师。

《建设工程监理规范》(GB/T 50319—2013)规定,监理工程师是指取得国家监理工程师执业资格证书并经注册的监理人员。

从以上概念上可以看出,监理工程师有三层含义:

其一,取得“全国水利工程建设监理工程师资格证书”“中华人民共和国监理工程师执业资格证书”等监理工程师执业资格证书。一般通过有关部门组织的考试获得。

其二,按规定注册。取得以上执业资格证书后,经水利部或住房和城乡建设部等有关机构登记注册,取得监理工程师注册证书。

其三,监理从业人员,即从事监理工作的人员。

2016年12月1日《国务院关于取消一批职业资格许可和认定事项的决定》(114项)(国发〔2016〕68号),取消了水利工程建设监理人员资格,纳入监理工程师职业资格统一实施。这样原“水利监理工程师”被取消,至此,从2006年开始举办的“全国水利工程建设监理工程师资格”考试不再举办。

5.2 中华人民共和国注册监理工程师考试及注册

从1997年起,全国正式举行监理工程师执业资格考试。考试工作由住房和城乡建设部、人力资源部(人事部)共同负责,考试每年举行一次。

5.2.1 报考条件

中华人民共和国公民,遵纪守法并具备以下条件之一:

(1)工程技术或工程经济专业大专(含大专)以上学历,按照国家有关规定,取得工程技术或工程经济专业中级职务,并任职满3年。

(2)按照国家有关规定,取得工程技术或工程经济专业高级职务。

(3)1970年(含1970年)以前工程技术或工程经济专业中专毕业,按照国家有关规定,取得工程技术或工程经济专业中级职务,并任职满3年。

5.2.2 考试科目

考试共4个科目,《建设工程监理基本理论与相关法规》《建设工程合同管理》《建设工程质量、投资、进度控制》《建设工程监理案例分析》。

5.2.3 注册管理

取得资格证书的人员,经过注册方能以注册监理工程师的名义执业。注册监理工程师依据其所学专业、工作经历、工程业绩,按照《工程监理企业资质管理规定》划分的工程类别,按专业注册。每人最多可以申请两个专业注册。取得资格证书的人员申请注册,由省、自治区、直辖市人民政府建设主管部门初审,国务院建设主管部门审批。

注册分为初始注册、变更注册、延续注册。注册有效期一般为3年,监理工程师注册有效期满前30个工作日前，应按规定提供包含继续教育合格证书等相关资料向有关部门申请办理延续注册。变更注册包含变更执业单位和变更注册专业。

5.3 监理人员应遵守以下纪律

(1)遵纪守法，坚持求实、严谨、科学的工作作风，全面履行义务，正确运用权限，勤奋、高效地开展监理工作。

(2)努力钻研业务，熟悉和掌握建设项目管理知识和专业技术知识，提高自身素质和技术、管理水平。

(3)提高监理服务意识，增强责任感，加强与工程建设有关各方的协作，积极、主动开展工作，尽职尽责，公正廉洁。

(4)未经许可，不得泄露与本工程有关的技术和商务秘密，并应妥善做好发包人所提供的工程建设文件资料的保存、回收及保密工作。

(5)除监理工作联系外，不得与承包人和材料、工程设备供货人有其他业务关系和经济利益关系。

(6)不得出卖、出借、转让、涂改、伪造资格证书或岗位证书。

(7)监理人员只能在一个监理单位注册。未经注册单位同意不得承担其他监理单位的监理业务。

(8)遵守职业道德，维护职业信誉，严禁徇私舞弊。

6 水利水电工程建设监理任务

水利水电工程建设监理任务是进行工程建设的质量、进度、投资控制，信息、安全、合同管理，组织协调工作，对工程建设从项目决策、工程设计、工程施工进行全过程的监理，但限于我国现状，目前进行的主要为施工阶段的监理。

6.1 工程投资控制

监理单位审核施工单位编制的工程项目各阶段及各年、季、月度资金使用计划，并控制其执行，及时进行工程投资实际值与计划值的比较、分析，严格履行计量与支付程序，及时对质量合格工程进行计量，审核、签发付款证书等，送报建设单位支付工程价款。

监理过程中，严格审核因工程变更而发生的费用的增减，公正地处理施工单位提出的费用索赔。严格审核施工单位提交的工程结算书。

6.2 工程质量控制

监理单位通过对施工单位质量保证体系、施工组织设计(方案)，工程原材料、构配件及设备的质量，施工过程中工序、检验批、分项工程(单元工程)、分部工程、单位工程等质量控制，来达到对整个工程的质量控制，实现质量目标。

6.3 工程进度控制

监理单位通过预先审核施工单位工程进度计划，保障进度计划的合理可行，在执行中，及时检查工程进展情况，通过对实际进度与计划进度比较，发现偏差，并采取措施及时纠正，从而实现工期目标。

6.4 合同管理

合同管理是监理工作的主要内容。广义地讲，监理工作可概括为监理单位受项目法人的委托,协助项目法人组织工程项目建设合同的订立、签订,并在合同实施过程中管理合同。狭义的合同管理指合同文件管理、会议管理、支付、合同变更、违约、索赔及风险分担、合同争议协调等。

6.5　信息管理

信息管理是项目工程监理的重要手段。只有及时、准确地掌握项目建设中的信息,严格、有序地管理各种文件、图纸、记录、指令、报告和有关技术资料,完善信息资料的接收、签发、归档和查询等制度,才能使信息及时、完整、准确和可靠地为工程监理提供工作依据,以便及时采取有效的措施,有效地完成监理任务。计算机信息管理系统是现代工程建设领域信息管理的重要手段。

6.6　安全管理

项目监理机构应当审查施工单位提出的施工组织设计中的安全技术措施或者专项施工方案是否符合工程建设强制性标准,并按照法律法规和工程建设强制性标准对安全生产实施监理,对工程安全生产承担监理责任。

项目监理机构在实施监理过程中,发现存在质量缺陷和安全事故隐患的,应当要求施工单位整改;发现存在重大质量和安全事故隐患时,应当要求施工单位停工整改,并及时报告建设单位;施工单位拒不整改或者不停止施工的,项目监理机构应当及时向有关主管部门报告。2013 年 5 月颁发的《建设工程监理规范》(GB/T 50319—2013)规定工程监理单位“履行建设工程安全生产管理法定职责”。

6.7　组织协调

在工程项目实施过程中,存在大量的组织协调工作,项目法人和承包商之间由于各自的经济利益和对问题的不同理解,就会产生各种矛盾和冲突;在项目建设过程中,多部门、多单位以不同的方式为项目建设服务,他们难以避免地会发生各种冲突。因此,监理工程师要及时、准确地做好协调工作,是建设项目顺利进行的重要保证。

7　项目监理机构

7.1　项目监理机构建立

监理单位在与建设单位签订了委托监理合同之后,建立项目监理机构,由项目监理机构履行监理合同中监理单位的责任。在项目监理机构中从事水利工程建设监理的人员按其岗位不同分为:总监理工程师(副总监理工程师)、监理工程师和监理员。工程建设监理实行总监理工程师负责制。

项目监理机构的组织形式和规模,应根据委托监理合同规定的服务内容、服务期限、工程类别、规模、技术复杂程度、工程环境条件确定。项目监理机构人员应专业配套,数量符合项目监理工作的需要。

项目监理单位应于委托监理合同签订后 10 天内将监理机构的组织形式、人员构成及对总监理工程师的授权通知建设单位。

7.1.1　建立项目监理机构的步骤

7.1.1.1　确定监理目标

确定监理目标的基本原则:有利于工程合同管理,有利于监理目标控制,有利于决策指挥,有利于信息沟通。

7.1.1.2　确定监理工作内容

合理确定管理层次与管理跨度,项目监理机构中一般有三个层次:

(1)决策层。决策层由总监理工程师、总监理工程师代表、专业监理工程师担任,进行项目监理的策划、组织、协调、监控、评价。

(2)中间控制层(协调层和执行层)。中间控制层由专业监理工程师担任,进行项目监理实施的具体组织、指挥、控制、协调。

(3)作业层(操作层)。作业层由监理员担任,负责项目监理业务的执行。

7.1.1.3　项目监理机构的组织形式

A. 直线制

特点:项目监理机构中任何一个下级只接受唯一上级的命令。这种组织形式适用于能划分为若干相对独立子项目的大、中型建设工程。直线制监理组织形式见图1-1。

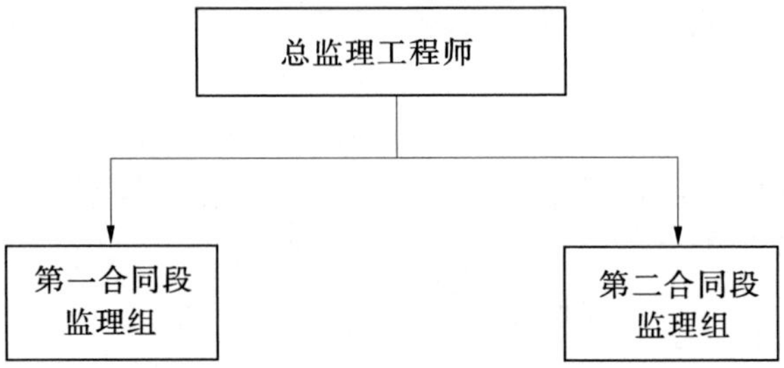

图1-1　直线制监理组织形式

例: 某工程项目划分为2个相对独立的合同标段,项目法人分别与两家施工单位签订了施工承包合同。合同价分别为3 852万元、3 355万元,合同工期分别为30个月和28个月,并委托了一家监理单位承担施工监理任务。

设立直线制监理组织机构的优缺点如下:

(1)优点:组织机构简单,权利集中,命令统一,职责分明,决策迅速,隶属关系明确。

(2)缺点:实行没有职能部门的个人管理,要求总监理工程师为全能式人物。在技术较复杂的项目监理中,这种组织形式不太合适。

B. 职能制监理组织形式

在监理机构内设立一些职能部门,把相应的职责和权力交给职能部门,各职能部门在本职能范围内有权直接指挥下级。此种组织形式适用于工程项目在地理位置上相对集中,技术较复杂的大、中型建设工程。

职能制监理组织形式见图1-2。

职能制监理组织形式的优缺点如下:

(1)优点:体现专业分工的特点,有利于人员发挥专业特长,处理专门性问题水平高。

(2)缺点:命令源不唯一,权责不明确,有时决策效率低。

C. 直线职能制

把管理部门和人员分为两类:一类是直线指挥人员,他们有对下级实行指挥和发布命令的权力,对该部门的工作全面负责;另一类是职能部门和人员,他们是直线指挥人员的

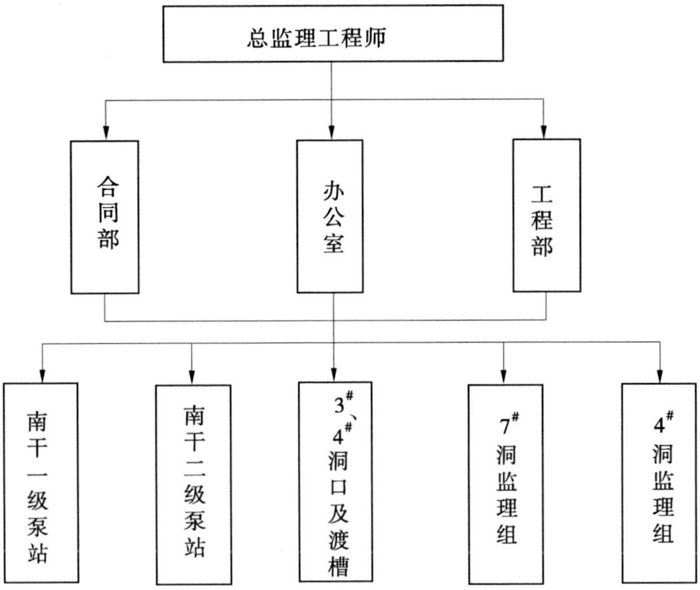

图 1-2 职能制监理组织形式

参谋,不能对下级部门直接进行指挥和发布命令。

直线职能制监理组织形式见图 1-3。

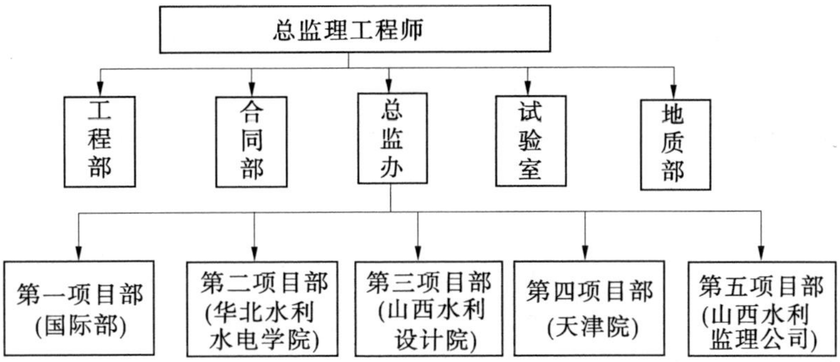

图 1-3 直线职能制监理组织形式

直线职能制组织形式的优缺点如下:

(1)优点:直线领导、统一指挥、职责清楚,目标管理专业化。

(2)缺点:职能部门与指挥部门易产生矛盾,信息传递路线长,不利于互通情报。本组织形式适用于各子项在地理位置上较分散,技术较复杂的工程。

D. 矩阵制

矩阵制由纵横两套管理系统组成,即纵向的职能系统和横向的子项目系统。

(1)优点:加强了各职能部门的横向联系,具有较大的机动性,有利于解决复杂难题。

(2)缺点:纵横向协调工作量大。

本组织形式适用于各子项在地理位置上相对集中、技术复杂的大中型项目。

矩阵制监理组织形式见图 1-4。

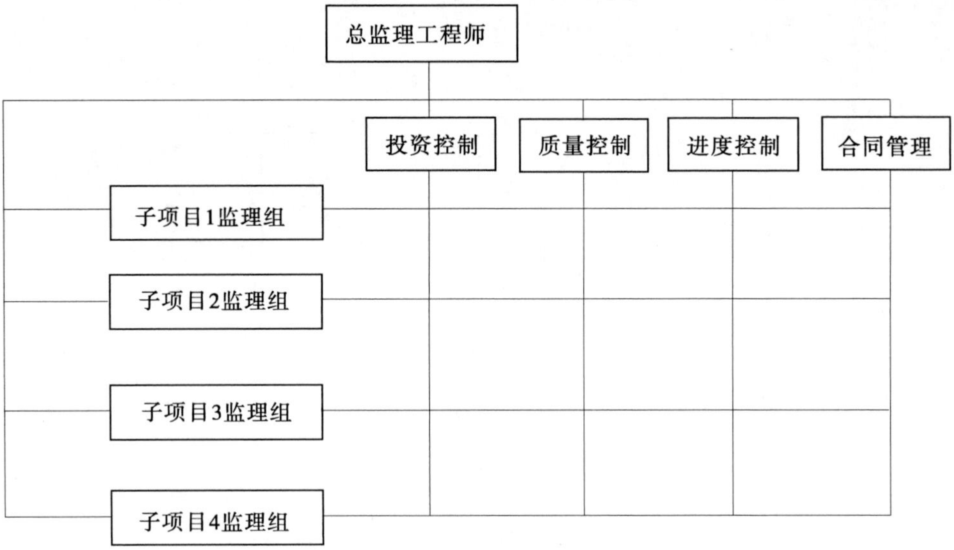

图1-4 矩阵制监理组织形式

7.1.1.4 项目监理机构的人员配备

A.项目监理机构的人员结构

(1)合理的专业结构。根据工程特点,各专业人员配备齐全。

(2)合理的技术职称结构。高、中、低专业技术人员搭配合理。

B.项目监理机构人员数量的确定

影响项目监理机构人员数量的主要因素如下:

(1)工程建设强度。

工程建设强度=投资/工期

投资和工期是指由监理单位所承担的那部分工程的建设投资和工期。投资费用可按工程估算、概算或合同价计算,工期按总进度目标或分目标计算。

工程建设强度越大,需投入的监理人员越多。

(2)建设工程复杂程度。

工程复杂程度涉及以下各项因素:工程地点位置、气候条件、地形条件、工程地质、施工方法、工程性质、工期要求、材料供应、工程分散程度等。

7.2 项目监理机构人员及岗位职责

项目监理机构由总监理工程师(副总监理工程师)、监理工程师和监理员组成。

7.2.1 总监理工程师

总监理工程师由监理单位法人代表授权委托,作为项目监理机构的负责人。总监理工程师由取得“水利工程建设监理工程师执业资格证书”和“水利工程建设监理工程师岗位证书”,经过水利部举办的总监理工程师培训班培训合格并取得结业证书,有在监理工程师岗位上从事监理工作两年以上实践经验,有较高专业技术水平和组织协调能力的人员担任。

总监理工程师应负责全面履行监理合同中所约定的监理单位的职责,以工程建设监理公司在工程项目代表的身份与项目法人、承包商和监督机构进行协调、沟通、管理等。

7.2.1.1 总监理工程师的主要职责

(1)主持编制监理规划，制定监理机构规章制度，审批监理实施细则，签发监理机构的文件。

(2)确定监理机构各部门职责分工及各级监理人员职责权限，协调监理机构内部工作。

(3)指导监理工程师开展工作；负责本监理机构中监理人员的工作考核，调换不称职的监理人员；根据工程建设进展情况，调整监理人员。

(4)主持审核承包人提出的分包项目和分包人，报发包人批准。

(5)审批承包人提交的施工组织设计、施工措施计划、施工进度计划和资金流计划。

(6)组织或授权监理工程师组织设计交底，签发施工图纸。

(7)主持第一次工地会议，主持或授权监理工程师主持监理例会和监理专题会议。

(8)签发进场通知、合同项目开工令、分部工程开工通知、暂停施工通知和复工通知等重要监理文件。

(9)组织审核付款申请，签发各类付款证书。

(10)主持处理合同违约、变更和索赔等事宜，签发变更和索赔的有关文件。

(11)主持施工合同实施中的协调工作，调解合同争议，必要时对施工合同条款做出解释。

(12)要求承包人撤换不称职或不宜在本工程工作的现场施工人员或技术、管理人员。

(13)审核质量保证体系文件并监督其实施；审批工程质量缺陷的处理方案；参与或协助发包人组织处理工程质量及安全事故。

(14)组织或协助发包人组织工程项目的分部工程验收、单位工程完工验收、合同项目完工验收，参加阶段验收、单位工程投入使用验收和工程竣工验收。

(15)签发工程移交证书和保修责任终止证书。

(16)检查监理日志，组织编写并签发监理月报、监理专题报告、监理工作报告，组织整理监理合同文件和档案资料。

一名总监理工程师只宜承担一个工程建设项目的总监理工程师工作。如需担任两个标段或项目的总监理工程师，应经发包人同意，并配备副总监理工程师。总监理工程师可通过书面授权副总监理工程师履行除7.2.1.2规定外的总监理工程师的职责。

7.2.1.2 副总监理工程师的职责

总监理工程师除以下职责外可以将其职责授权给副总监理工程师履行：

(1)主持编制监理规划，审批监理实施细则。

(2)主持审核承包人提出的分包项目和分包人。

(3)审批承包人提交的施工组织设计、施工措施计划、施工进度计划和资金流计划。

(4)主持第一次工地会议，签发进场通知、合同项目开工令、暂停施工通知、复工通知。

(5)签发各类付款证书。

(6)签发变更和索赔的有关文件。

(7)要求承包人撤换不称职或不宜在本工程工作的现场施工人员或技术、管理人员。

(8)签发工程移交证书和保修责任终止证书。

(9)签发监理月报、监理专题报告和监理工作报告。

7.2.2 监理工程师的职责

监理工程师应按照总监理工程师所授予的职责权限开展监理工作,是所执行监理工作的直接责任人,并对总监理工程师负责。主要职责应包括以下各项:

(1)参与编制监理规划,编制监理实施细则。

(2)预审承包人提出的分包项目和分包人。

(3)预审承包人提交的施工组织设计、施工措施计划、施工进度计划和资金流计划。

(4)预审或经授权签发施工图纸。

(5)核查进场材料、构配件、工程设备的原始凭证、检测报告等质量证明文件及其质量情况。

(6)审批分部工程开工申请报告。

(7)协助总监理工程师协调参建各方之间的工作关系。按照职责权限处理施工现场发生的有关问题,签发一般监理文件。

(8)检验工程的施工质量,并予以确认或否认。

(9)审核工程计量的数据和原始凭证,确认工程计量结果。

(10)预审各类付款证书。

(11)提出变更、索赔及质量和安全事故处理等方面的初步意见。

(12)按照职责权限参与工程的质量评定工作和验收工作。

(13)收集、汇总、整理监理资料,参与编写监理月报,填写监理日志。

(14)施工中发生重大问题和遇到紧急情况时,及时向总监理工程师报告、请示。

(15)指导、检查监理员的工作。必要时可向总监理工程师建议调换监理员。

7.2.3 监理员的职责

监理员应按被授予的职责权限开展监理工作,其主要职责应包括以下各项:

(1)核实进场原材料质量检验报告和施工测量成果报告等原始资料。

(2)检查承包人用于工程建设的材料、构配件、工程设备使用情况,并做好现场记录。

(3)检查并记录现场施工程序、施工工法等实施过程情况。

(4)检查和统计计日工情况,核实工程计量结果。

(5)核查关键岗位施工人员的上岗资格;检查、监督工程现场的施工安全和环境保护措施的落实情况,发现异常情况及时向监理工程师报告。

(6)检查承包人的施工日志和试验室记录。

(7)核实承包人质量评定的相关原始记录。

项目建设中,总监理工程师的调整,监理单位需征得建设单位同意,并书面通知建设单位;监理工程师需要调整时,总监理工程师应书面通知建设单位和承包单位。

8 工程监理费

根据国家发展和改革委员会《建设工程监理与相关服务收费管理规定》(发改价格〔2007〕670 号)规定,依法必须实行监理的建设工程施工阶段的监理收费实行政府指导价;其他建设工程施工阶段的监理收费和其他阶段的监理与相关服务收费实行市场调节价。在2015年2月11日国家发展和改革委员会发布的《关于进一步放开建设项目专业服务价格的通知》(发改价格〔2015〕299号文)规定,在已放开非政府投资及非政府委托的建设项目专业服务价格的基础上,全面放开五类建设项目专业服务价格(包括工程监理费)。即原规定实行政府指导价管理的建设项目专业服务价格,实行市场调节价。这样,所有工程监理费,均实行市场调节价。

实行市场调节价的建设工程监理与相关服务收费,由发包人和监理人协商确定收费额。

9 建设工程风险管理

9.1 风险的定义与相关概念

9.1.1 风险的定义

风险就是出现损失的不确定性,或在给定情况下和特定时间内,可能发生实际结果与预期结果之间的差异。

风险具备两方面特征:一是不确定性,二是产生损失后果。

9.1.2 与风险相关的概念

(1)风险因素是指能产生或增加损失概率和损失程度的条件或因素,是风险事件发生的潜在原因,是造成损失的内在原因或间接原因。

风险因素分以下三类:①自然风险因素;②道德风险因素;③心理风险因素。

(2)风险事件是指造成损失的偶发事件,是造成损失的外在原因或直接原因。

(3)损失是指非故意的、非计划的和非预期的经济价值的减少。损失一般可分为:直接损失和间接损失两种,也可分为直接损失、间接损失和隐蔽损失三种。

(4)损失机会是指损失出现的概率。

9.1.3 风险因素、风险事件、损失与风险之间的关系

由风险因素产生风险事件,发生风险事件产生损失,才成为风险。

9.2 风险的分类

9.2.1 按风险的后果分类

按风险的后果可将风险分为纯风险和投机风险。

纯风险是指只会造成损失而不会带来收益的风险。

投机风险则是指既可能造成损失也可能创造额外收益的风险。

纯风险与投机风险还有一个重要区别:在相同的条件下,纯风险重复出现的概率较大,而投机风险重复出现的概率较小。

9.2.2 按风险产生的原因分类

按风险产生的原因可将风险分为政治风险、社会风险、经济风险、自然风险、技术风险等。

政治风险、社会风险和经济风险之间存在一定的联系,有时表现为相互影响,有时表现为因果关系,难以截然分开。

9.2.3 按风险的影响范围分类

按风险的影响范围可将风险分为基本风险和特殊风险。

基本风险是指作用于整个经济或大多数人群的风险，具有普遍性，影响范围大，后果严重。

特殊风险是指仅作用于某一特定单体（如个人或企业）的风险，不具有普遍性，影响范围小，虽然就个体而言，损失有时亦相当大，但对整个经济而言，后果不严重。

9.3 建设工程风险与风险管理

9.3.1 建设工程风险

对建设工程风险的认识，要明确两个基本点：

(1)建设工程风险大。建设工程风险因素和风险事件发生的概率均较大，往往造成比较严重的损失后果。

(2)参与工程建设的各方均有风险，各自的风险不同；即使是同一风险事件，对建设工程不同参与方的后果也有时迥然不同。

9.3.2 风险管理过程

风险管理过程包括风险识别、风险评价、风险对策决策、实施决策和检查五方面内容。

9.3.3 风险管理目标

风险管理目标的确定一般要满足风险管理目标与风险管理主体（如企业或建设工程的项目法人）总体目标的一致性要求以及目标的现实性、明确性和层次性要求。就建设工程而言，在风险事件发生前，风险管理的首要目标是使潜在损失最小；其次是减少忧虑及相应的忧虑价值；再次是满足外部的附加义务。建设工程风险管理的目标通常更具体地表述为：

(1)实际投资不超过计划投资。

(2)实际工期不超过计划工期。

(3)实际质量满足预期的质量要求。

(4)建设过程安全。

9.3.4 建设工程项目管理与风险管理的关系

风险管理是项目管理理论体系的一个部分，风险管理是为目标控制服务的。

通过风险管理的一系列过程，可以定量分析和评价各种风险因素和风险事件对建设工程预期目标和计划的影响，从而使目标规划更合理，使计划更可行。

风险对策是目标控制措施的重要内容。风险对策的具体内容体现了主动控制与被动控制相结合的要求，风险对策更强调主动控制。

9.4 建设工程风险识别

9.4.1 风险识别的特点和原则

9.4.1.1 风险识别的特点

风险识别有以下几个特点：①个别性；②主观性；③复杂性；④不确定性。

9.4.1.2 风险识别的原则

在风险识别过程中应遵循以下原则：

(1)由粗及细，由细及粗。由粗及细是指对风险因素进行全面分析，逐渐细化，从而得到工程初始风险清单。而由细及粗是指从工程初始风险清单的众多风险中，确定主要风险，作为风险评价以及风险对策决策的主要对象。

(2)严格界定风险内涵并考虑风险因素之间的相关性。

(3)先怀疑,后排除,不轻易否定或排除某些风险。

(4)排除与确认并重。对于肯定不能排除但又不能肯定予以确认的风险按确认考虑。

(5)必要时可做试验论证。

9.4.2 风险识别的方法

建设工程风险识别的方法有:专家调查法、财务报表法、流程图法、初始清单法、经验数据法和风险调查法。其中,前三种方法为风险识别的一般方法,后三种方法为建设工程风险识别的具体方法。

风险调查可以从组织、技术、自然及环境、经济、合同等方面分析拟建建设工程的特点以及相应的潜在风险。风险调查也应该在建设工程实施全过程中不断地进行。对于建设工程的风险识别来说,一般应综合采用两种或多种风险识别方法,才能取得较为满意的结果。

不论采用何种风险识别方法组合,都必须包含风险调查法。

9.5 建设工程风险评价

通过定量方法进行风险评价的作用主要表现在:

(1)更准确地认识风险。通过定量方法进行风险评价,可以定量地确定建设工程各种风险因素和风险事件发生的概率大小或概率分布,及其发生后对建设工程目标影响的严重程度或损失严重程度,包括不同风险的相对严重程度和各种风险的绝对严重程度。

(2)保证目标规划的合理性和计划的可行性。只有对特定建设工程的风险进行定量评价,才能正确反映各种风险对建设工程目标的不同影响,才能使目标规划的结果更合理、更可靠,使在此基础上制订的计划具有现实的可行性。

(3)合理选择风险对策,形成最佳风险对策组合。不同风险对策的适用对象各不相同。风险对策的适用性需从效果和代价两个方面考虑。风险对策的效果表现在降低风险发生概率和(或)降低损失严重程度的幅度。风险对策一般都要付出一定的代价。

对建设工程风险量作出相对比较,以确定建设工程风险的相对严重性。可以将风险量的大小分成五个等级:①VL(很小);②L(小);③M(中等);④H(大);⑤VH(很大)。

9.6 建设工程风险对策

9.6.1 风险回避

风险回避就是以一定的方式中断风险源,使其不发生或不再发展,从而避免可能产生的潜在损失。

采用风险回避这一对策时,有时需要作出一些牺牲。

在采用风险回避对策时需要注意以下问题:

(1)回避一种风险可能产生另一种新的风险。

(2)回避风险的同时也失去了从风险中获益的可能性。

(3)回避风险可能不实际或不可能。

9.6.2 损失控制

损失控制可分为预防损失和减少损失两方面工作。

预防损失措施的主要作用在于降低或消除损失发生的概率，而减少损失措施的作用在于降低损失的严重性或遏制损失的进一步发展，使损失最小化。

一般来说，损失控制方案都应当是预防损失措施和减少损失措施的有机结合。

9.6.3　风险自留

风险自留是从企业内部财务的角度应对风险。它不改变建设工程风险的客观性质，既不改变工程风险的发生概率，也不改变工程风险潜在损失的严重性。风险自留的类型有非计划性风险自留和计划性风险自留两类。

9.6.4　风险转移

风险转移分为非保险转移和保险转移两种形式。风险分担的原则是：任何一种风险都应由最适宜承担该风险或最有能力进行损失控制的一方承担。符合这一原则的风险转移是合理的，可以取得双赢或多赢的结果。

非保险转移又称为合同转移，建设工程风险最常见的非保险转移有以下三种情况：

(1)项目法人将合同责任和风险转移给对方当事人。

(2)承包商进行合同转让或工程分包。

(3)第三方担保。担保方所承担的风险仅限于合同责任，即由于委托方不履行或不适当履行合同以及违约所产生的责任。

保险转移，建设工程项目法人或承包商作为投保人将本应由自己承担的工程风险(包括第三方责任)转移给保险公司。

思考题

1. 简述水利工程建设监理的概念。
2. 我国工程项目管理的三大制度各是什么？
3. 监理单位与建设单位、承包单位间各是怎样的关系？
4. 监理企业取得监理业务的方式一般有哪些？
5. 水利工程建设程序分为哪几个阶段？
6. 水利工程监理企业的资质有哪几个专业？哪几个等级？其业务范围如何？
7. 住房和城乡建设部对监理企业资质等级如何划分？
8. 监理单位经营活动的基本准则是什么？
9. 简述监理工程师的概念。注册形式有哪几种？一般注册有效期为几年？
10. 项目监理机构的组织形式有哪几种？各自优缺点如何？
11. 监理员的职责一般有哪些？
12. 什么是风险？风险具有哪两方面基本特征？
13. 建设工程风险的对策有哪些？

项目 2 项目质量控制

任务 1 案 例

1 案例 1

某县一机关修建职工住宅楼,共六栋,设计均为七层砖混结构,建筑面积 10 001 m^2,主体完工后进行墙面抹灰,采用某水泥厂生产的强度等级 32.5 的水泥。抹灰后在两个月内相继发现该工程墙面抹灰出现开裂,并迅速发展。开始由墙面一点产生膨胀变形,形成不规则的放射状裂缝,多点裂缝相继贯通,成为典型的龟状裂缝,并且空鼓,实际上此时抹灰与墙体已产生剥离。后经查证,该工程所用水泥中氧化镁含量严重超高,致使水泥安定性不合格,施工单位未对水泥进行进场检验就直接使用,因此产生大面积的空鼓开裂。最后该工程墙面抹灰全面返工,造成严重的经济损失。

2 案例 2

一乡村修建小学教学楼和教师办公住宿综合楼,乡里个别领导不按照有关基本建设程序办事,自行决定由一农村工匠承揽该工程建设。工程无地质勘察报告,无设计图纸(抄袭其他学校的图纸),原材料未经检验,施工无任何质量保证措施,无水无电,混凝土和砂浆全部人工拌和,钢筋混凝土大梁、柱子人工浇注振捣,密实度和强度无法得到保证。工程投入使用后,综合楼和教学楼由于多处大梁和墙面发生较严重的裂缝,致使学校被迫停课。经检查,该综合楼基础一半置于风化页岩上,一半置于回填土上(未按规定进行夯实),地基已发生严重不均匀沉降,导致墙体出现严重裂缝;教学楼大梁混凝土存在严重的空洞,受力钢筋已严重锈蚀,两栋楼的砌体砂浆强度几乎为零(更有甚者个别地方砂浆中还夹着黄泥),楼梯横梁搁置长度仅 50 mm,梁下砌体已出现压碎现象。经鉴定该工程主体结构存在严重的安全隐患,已失去了加固补强的意义,被有关部门强行拆除,有关责任人受到了法律的惩办。

任务 2 学习内容

课前思考:

1. 监理单位如何对用于工程的材料进行控制?
2. 项目划分如何进行?
3. 监理质量控制方法、制度、措施有哪些?

4. 工程工序、单元工程、分部工程、单位工程质量如何评定、验收?
5. 质量事故等级如何划分? 处理程序是什么?
6. 质量统计方法有哪些?

"质量是工程的生命"。我国的法律法规规定:建设项目实行工程质量终身责任制,《中华人民共和国建筑法》、国务院《质量振兴纲要》、水利部《水利工程质量管理规定》等,都对参建各方的质量行为作出了明确的规范。质量控制目标是三大控制目标(质量、进度、投资)的重点,当三大控制目标发生冲突时,质量目标必须放在优先保证的地位。作为一名合格的监理工程师,必须要牢记的是:质量合格的工程一定不会出事故,不出事故的工程不一定就质量合格。因此,只要坚持按照正确的监理程序展开质量控制工作,严格每一道施工工序的质量控制,我们就会最终提交一个质量合格的工程实体,坚决不能做"金玉其外、败絮其中"的工程实体。

1 质量管理及其体系

1.1 质量及质量管理

质量指的是实体满足需求能力的特性总和。工程质量包含两个方面:第一,工程产品的特征性能,即工程的产品质量;第二,贯穿于工程建设各个方面的工作及组织管理水平,即工作质量。质量管理是指通过确定质量的方针、目标及职责,并在质量体系中使用质量策划、质量控制、质量保证、质量改进等手段,实施全部管理职能的活动。工程质量管理是指围绕工程项目实施的质量所进行的指挥、协调和控制活动,属于全面质量管理的范畴。

1.2 质量保证

质量保证是指定期评价工程项目的全部功能,提供项目满足质量标准的证明。其意义已不是单纯地为了保证质量,而是以保证质量为基础,进一步引申到提供"信任"的目的。

水利水电设计、施工单位贯彻《质量管理与质量保证》(GB/T 19000—ISO9000)系列标准,对于推动水利工程建设项目的质量管理标准化工作,提高建设管理水平,具有现实意义。《质量管理与质量保证》(GB/T 19000—ISO9000)系列标准由两部分组成:第一部分《质量管理与质量保证术语》(GB/T 6583—1994);第二部分《质量管理与质量保证体系标准》(GB/T 19000~19004—1994)。

《水利工程质量管理规定》规定:水利工程质量实行项目法人负责、监理单位控制、施工单位保证以及政府部门监督相结合的质量管理体制。因此,水利工程质量管理的三个体系为:政府部门的质量监督体系、法人/监理工程师的质量控制体系、设计/施工方的质量保证体系。设计、施工单位对工程质量负有首要责任,因此设计、施工单位必须积极推行全面质量管理,保证全过程的工作质量,实现企业管理与生产的标准化、规范化、系统化。达到缩短工期、降低消耗、改善质量、提高效益的目标;法人/监理工程师的质量控制体系是依据法律、规范、标准、合同文件对设计/施工方在实施全过程中的每一工序、每一环节进行检查认证,及时发现问题予以纠正,而不是替代设计/施工方的质量保证体系,它只能是通过合同手段对承包商进行检查与管理,促使其健全质量保证体系,从而保证工程的质量;政府部门的质量监督是指监督建设、设计、监理、施工在其资质范围内开展水利工程的质量工作,并检查其质量体系的建立运行情况。

1.3 质量控制

质量控制是质量管理的一部分,是指为了保证某一产品、过程或服务满足规定的质量要求而采取的作业技术活动。而工程质量控制是指通过控制工作质量而使产品质量满足设计要求及合同标准的手段。也就是对工程实施过程各个阶段的人、机、料、工艺方法、环境等各环节、各因素的全过程、全方位的质量控制活动。

2 施工阶段质量控制

根据控制的时间不同,施工阶段质量控制主要划分为事前控制、事中控制、事后控制三个阶段。事前质量控制实际是工程实体质量的一种预先控制,在工程开工之前即对相关的工作开展审查与控制,虽然看似烦琐,但却能收到事半功倍的效果。古语云:凡事预则立,不预则废,就是这个道理。要注意的是:由于本书没有单独写出规划设计阶段与招标投标阶段的质量控制内容,因此这两部分的内容也可以视为事前质量控制的部分。由于我国监理制度还不完善,现阶段对规划设计阶段的监理质量控制还未开展,目前对规划设计阶段的质量控制主要还是依靠规划部门的审查来完成。从长远来看,还是应该与监理(咨询)并轨,这也是国外多年来成功的经验。另外,招标投标阶段也是质量控制的重要阶段。目前,我国还是依靠招标代理公司的形式选择施工单位,纸面上写得天花乱坠,等到进场施工后才发现,一些施工单位的技术水平只有“小学生”的水平,依靠这样的施工单位施工,工程质量可想而知,一旦工程出现质量问题都归罪于监理的工作做得不好。事中质量控制实际上是过程控制,施工实施阶段是工程实体质量形成的重要阶段,通过对各个工序质量及其影响因素的过程控制,达到控制实体质量的目的。事后质量控制是一种事后的补救措施,由于工程项目的复杂性,工程实施过程中难免有疏忽的地方,事后控制就是对过程控制中形成的质量问题及质量缺陷采取相应的措施予以修复和完善。

2.1 事前质量控制

事前质量控制一般包括开工条件及施工准备工作质量控制的审查等。开工条件的审查包括工程项目开工条件的审查和单项(单位、分项)工程开工条件的审查,具体如下。

2.1.1 项目法人开工条件的审查

(1)项目法人征地、移民及现场的“三通一平”工作。施工单位进场前,项目法人必须完成工程建设用地的征用工作,竖立土地征用标志界桩,并将征地范围内的居民全部搬迁出去,做到路通、水通、电通及场地的平整工作,以便施工单位进场后立即展开工作;否则,极有可能引起施工单位的费用与工期的索赔。

(2)安排各个承包商施工现场的场地及通道工作。当工程分为数个标段,需要几个施工单位进场时,项目法人必须给各个施工单位划分各自不同的施工场地,规定共有的施工通道,形成文字记录,避免施工单位发生场地及通道纠纷,进而影响到工程的正常进行。

(3)施工图纸的签发与技术交底。施工单位进场后,由监理主持,项目法人召集设计单位、施工单位进行设计的技术交底工作,贯彻设计的意图、解答施工及监理方提出的问题,并由监理审核图纸后,分发给各个施工单位。大型的工程可以分数次进行。

(4)完成交桩工作。施工单位人员进场后,项目法人应及时将控制点的高程、坐标等移交施工单位,以便施工单位开展测量复核及放线工作。

2.1.2 承包商开工条件的审查

(1)审查承包商的组织机构及人员。投标书中施工单位的组织机构及人员是完成工程、保证工程质量的重要保证,目前不少施工单位在搞投标书中一套、实际进场又一套的做法,务必要引起监理的重视。发现不一致时,监理无权批准,必须报项目法人批准才能对施工单位的组织机构及人员进行更改。

(2)审查承包商的试验室及试验计量设备。施工单位工地试验室的试验计量设备必须报监理批准后方可使用,对于需要委托去工地之外的试验室进行的项目,开工前,施工单位必须将其试验室的资质等级、营业范围等报监理审核,监理认可后才可进行;否则,监理对其报送的试验资料,一律不予受理。

(3)原始基准点等的复核及工程放线。对于项目法人移交的控制点,施工单位必须先进行复核,经复核精度达到要求,才能用于工程的测量放线工作。若复核精度达不到要求,需及时报监理单位,后由项目法人联系有关单位解决。

(4)原材料、半成品的检查及试验。对于将要进场的原材料、半成品(中间产品),施工单位必须先进行工地试验室或委托有相应资质的检测机构进行试验,并报监理机构验收,两项合格后方可进场使用。

(5)施工机具、设备的检查。正式开工之前,施工单位要将施工设备、机具、工地试验检验设备进行检查,并将检查结果报监理机构确认后,再行使用。需要注意的是,虽然是施工单位的施工机具、设备,但调出工地时必须要经过监理同意,否则,监理有权予以处罚。

(6)质量(安全)保证体系及环保措施的检查。施工单位进场后,必须重新报送修订后的质量(安全)保证体系及环保措施,要对其投标书中的内容进行细化、分解,不能照搬。

(7)施工组织设计及施工方案的审查。施工单位进场后,必须重新报送修订后的施工组织设计及单项施工方案,施工组织设计及单项施工方案是审查的重点,须在开工前审查完成。对于采用新工艺、新材料、新技术的项目,施工组织设计及单项施工方案的审查可以组织有关专家,开展专题审查会。

(8)度汛、爆破、温控等专项方案的审查。施工期内的度汛方案、爆破方案以及混凝土的温度控制措施等专项方案,可随工程进度随报随审,但不能耽误工程进度。

(9)开工申请的审查。施工单位将上述开工前的条件都具备后,要向监理提出开工申请,监理审核合格后报项目法人,由项目法人报请上级有关部门批复后方可开工。

2.1.3 施工组织设计的审核要点

(1)方案可行性(进度、质量、安全、环境保护等)。审查施工单位报送的施工方案技术上是否可行,是否会对工程质量、进度、安全、环保产生不利影响等,是否对原投标文件中的施工方案进行了重大修改等。

(2)资源投入(人员、设备、材料、临时设施、燃料动力等)。审查施工单位拟投入的人员、设备、材料等,是否能满足工程进度、质量、投资、安全等的要求。其次,还要审查人员、设备的质量，尤其是人员的质量，包括持证上岗情况，不能让一群“新兵”，把工地当作其练兵场，那样的话，工程质量很可能会出问题。

（3）质量、安全措施。审查施工单位的质量（安全、环保）保证体系是否健全，机构、人员、措施是否到位，是否有专职安全员等。

（4）检测方案、条件。审查各种质量检测方案是否完善可行，检测条件是否满足现场实际情况等。

（5）现场管理（组织机构与人员、规章制度等）。审查施工单位现场组织机构人员是否齐备，是否与投标书一致，发现主要人员与投标书不一致时，要报项目法人认可后，方可履行程序；此外规章制度的建立与否也很关键。

施工准备工作质量控制的审查包括：技术准备工作的审查、资源准备工作的审查、临建设施准备工作的审查、施工现场准备工作的审查等。

2.2 事中质量控制

2.2.1 施工过程的质量控制

施工过程的质量控制包括人、材料、机械、方法、环境五方面（即4M1E）的质量控制。

（1）人的质量控制。工程质量取决于工序质量和工作质量，工序质量又取决于工作质量，而工作质量直接取决于参建人员的技术水平、文化修养、质量意识、职业道德等方面。在工程建设中就是要充分发挥人的积极性，以便创造出最好的工作质量。具体到工程中主要包括：审核主要人员的业绩及经历、技术水平、持证情况、受教育程度、信誉度等。

（2）材料的质量控制。进场的原材料、半成品、成品、构配件、永久设备等是形成实体的基础，因此其质量的好坏也就决定了工程实体质量的好坏。我国的市场经济还很不完善，偷工减料、以次充好、虚报瞒报的现象比较普遍，给工程的质量控制带来了巨大的困难，因此加强监督检查是非常重要的手段。在工程建设中就是要做到材料进场必须首先报验，检验资料齐全的材料才准进场；试验合格后才准用于工程；试验室的资质必须要保证；试验人员必须合格；监理的抽检必须到位。

（3）机械的质量控制。机械设备分为施工机械设备和生产机械设备两个部分。施工机械的质量是保证工程实体质量的重要环节，因此必须十分重视。施工机械设备的质量控制包括机械设备的进场报验、机械设备的选型及主要性能参数、机械设备的使用管理、机械设备的定期率定及维修保养等。需要特别指出的是，施工单位进场的机械设备，未经监理批准退场或挪作他用，是严重的违规行为，必须严肃处罚。生产设备的质量控制包括：设备制造过程质量控制（监控制造方的质量保证体系、监控制造方的生产工艺及检测手段、监控制造方的材料质量、参与出厂试验等），设备运输过程质量控制，到货验收的质量控制，安装过程的质量控制，试运转过程的质量控制等。

（4）施工方法及工艺的质量控制。施工方法及工艺是否合理会对工程质量产生极大的影响，是质量控制的关键。比如孔口封闭灌浆法和孔内循环灌浆法都是规范规定的两种灌浆方法，而两者的灌浆质量差别却非常大；再如灌浆管使用钢管还是塑料管，对灌浆质量影响也非常大。

（5）环境因素的质量控制。环境因素包括技术环境、管理环境、自然环境等。技术环境包括施工规范、规程、验评标准、设计图纸等。管理环境包括质量保证体系、三检制、质量管理制度等。自然环境包括地质、水文、气象、温度等。

2.2.2 工序质量控制

监理工程师对工序质量实行“上道工序未经验收，不能进行下道工序施工”的基本要求。

工序质量控制的内容如下：

(1)确定工序质量控制流程。

(2)工序分析。通过分析找出影响工序质量的关键因素。

(3)工序质量的预控。分析影响工序质量的偶然原因和异常原因。

(4)控制工序活动效果的质量。

(5)控制工序活动的条件。

(6)设置质量控制点。质量控制点是指为保证工程质量而必须控制的重点工序、关键部位、薄弱环节。如关键的分项工程、关键的工程部位、易发生质量问题的环节、关键工序、关键工序的关键质量特征、关键质量特征的关键因素等。常见的水利工程项目质量控制点设置如表 2-1 所示。

表 2-1 水利工程项目质量控制点

分部分项工程		质量控制点
建筑物定位		标线桩、轴线、标高
地基开挖		位置、尺寸、标高、孔位布置、装药量、起爆方式、断层、破碎带、渗水处理
基础处理	基础灌浆	孔位、孔深、孔斜、洗孔、压水、灌浆压力、结束标准、灌浆设备
	基础排水	造孔、洗孔、孔口安装
	锚桩孔	锚桩孔材料、焊接、孔内回填
混凝土生产	砂石料生产	砂石料含泥量、细度模数、级配、超逊径、含水率
	混凝土拌和	材料品种、配比、称量、拌和时间、均匀性、坍落度、温控、外加剂掺量
混凝土浇筑	建基面清理	标高、尺寸、清洗情况、验收
	模板、埋件	平整度、稳定性、刚度、埋件位置及稳定性
	钢筋	型号、尺寸、焊接、搭接、位置、根数、锚固长度
	浇筑	平仓、振捣、收面、养护、试块强度
土石料填筑	材料	含水率、级配、粒径
	土料填筑	铺土厚度、碾压遍数、干密度、搭接、结合部位处理
	石料砌筑	石料尺寸、砂浆配比、砌体密实度、试块强度
	砌石护坡	石料尺寸、强度、抗冻性、砌石孔隙率

2.2.3　隐蔽工程验收

隐蔽工程验收是指在施工过程中，对将被下一工序所覆盖、封闭的工程部分进行检查验收。未经隐蔽工程验收合格，不得进行下道工序的施工。先经施工方三检（作业者自检、班组互检、专职质检员终检）合格，报监理验收，验收合格，方可进行下道工序施工。

2.2.4　行使质量否决权，不予支付进度款

监理工程师应正确行使合同文件赋予的质量认证权和质量否决权，不合格工程部位决不予以计量和支付，并应要求承包人立即返工、修复，直到工程质量合格。例如，单元工程完工，未经验收签证擅自进行下一道工序的施工，则可暂不支付工程款；单元工程完工后，经检查质量未达合格标准，在返工修理达到合格标准之前，监理工程师也可暂不签发支付证书。这也是监理质量控制权的保障。

2.2.5　下达停工令

对于工程建设中，工程存在质量隐患，不停工治理将给下一道工序施工或整个工程造成直接影响，而施工单位不积极消除整改，总监理工程师在经建设单位同意情况下，有权下发工程停工令。

2.2.6　执行单位（单元）工程开工申请（开工签证）制度

混凝土等主要项目要实行单元工程开仓许可制度，每次浇筑开始前，监理要对其钢筋绑扎、焊接、建基面清理、止水带安装、模板制安进行工序检查，只有工序检查合格后，才能开仓浇筑混凝土。

2.2.7　执行单元（分部、单位）工程的验收签证制度

单元（分部、单位）工程完工后要及时进行质量验收与质量评定工作，尤其是重要隐蔽工程，把好工程质量关。

2.3　事后质量控制

（1）审核竣工资料。已经完成的单元工程、分部工程、单位工程等，要及时进行资料的汇编整理工作，做到资料要紧跟工程的完成进度，不能把资料堆积到验收之前集中填报，尤其是试验资料。

（2）整理工程质量的技术文件。有关工程质量的文件要定期整理编号，分类装订成册，不仅对最终验收有好处，也可以随时查阅，方便管理。

（3）组织工程质量的评定与验收。单元工程、分部工程、单位工程完成后，要及时进行外观质量评定与验收、质量数据的计算与分析统计，参加验收部门组织的政府验收工作，包括阶段验收、竣工验收等。

（4）质量缺陷的修补。工程中出现的质量缺陷，施工方要制订可行的处理方案报监理批准后修复，修复后的质量缺陷要进行检查和验收，以确保工程质量。

（5）组织试运行。竣工验收前，要组织有关部门参加工程的试运行及机组的试运转等工作，如果有必要还要进行试运行及试运转的验收工作。

2.4　监理质量控制的方法

（1）巡视检查。监理人员在施工现场进行的定期或不定期的监督检查活动。

（2）旁站监理。监理人员在施工现场对工程实体关键部位或关键工序的施工质量进行连续性的全过程检查、监督与管理活动。发现问题及时纠正，并做好相应的旁站监理记

录。

(3)平行检验。项目监理机构在施工单位对工程质量自检的基础上,按照有关规定或建设工程监理合同的约定独立进行检测试验活动。平行检测的检测数量,混凝土试样不应少于承包人检测数量的3%,重要部位每种强度等级的混凝土最少取样1组;土方试样不应少于承包人检测数量的5%;重要部位至少取样3组;跟踪检测的检测数量,混凝土试样不应少于承包人检测数量的7%,土方试样不应少于承包人检测数量的10%。平行检测和跟踪检测工作都应由具有国家规定的资质条件的检测机构承担。平行检测的费用由发包人承担。监理机构应事先进行科学的抽样检验设计,如抽检部位、抽检次数、抽检结果分析方法与标准、质量控制点的选择等。

(4)测量尺寸。采用测量仪器和工具进行检查。如建筑物的轴线、标高、轮廓尺寸,混凝土拌和物温度,混凝土密实度,土方填筑坡度、厚度,混凝土面板的厚度、表面平整度,压力钢管的圆度、周长、管口平面度,平面闸门两侧止水中心线距离、止水橡皮顶面平度、止水橡皮与滚轮或滑道面距离等项目的检查。

(5)开工(仓)审批。对于单位工程、分部工程实行开工批准。监理机构应审批承包人报送的每一分部工程开工申请,审核承包人递交的施工措施计划,检查该分部工程的开工条件,确认后签发分部工程开工通知。第一个单元工程在分部工程开工申请获批准后自行开工,后续单元工程凭监理机构签发的上一单元工程施工质量合格证明方可开工。监理机构应对承包人报送的混凝土浇筑开仓报审表进行审核。符合开仓条件后,方可签发。

(6)现场记录、发出指令。监理人应认真、完整记录每日施工现场的人员、设备和材料、天气、施工环境以及施工中出现的各种情况,做好监理日志,并应按监理人员各级的分工,分级编报监理日报、周报、月报,做好质量技术资料文档管理。一方面作为今后解决质量纠纷的重要依据,另一方面为工程竣工验收提供资料,并采用通知、指示、批复、签认等文件形式进行施工全过程的控制和管理。

2.5 监理的工作制度

(1)技术文件审核、审批制度。根据施工合同约定由双方提交的施工图纸以及由承包人提交的施工组织设计、施工措施计划、施工进度计划、开工申请等文件均应通过监理机构核查、审核或审批,方可实施。

(2)原材料、构配件和工程设备检验制度。进场的原材料、构配件和工程设备应有出厂合格证明和技术说明书,经承包人自检合格后,方可报监理机构检验。不合格的材料、构配件和工程设备应按监理指示在规定时限内运离工地或进行相应处理。

(3)工程质量检验制度。承包人每完成一道工序或一个单元工程,都应经过自检,合格后方可报监理机构进行复核检验。上道工序或上一单元未经复核检验或复核检验不合格,不得进行下道工序或下一单元工程施工。

(4)工程计量付款签证制度。所有申请付款的工程量均应进行计量并经监理机构确认。未经监理机构签证的付款申请,发包人不应支付。

(5)会议制度。监理机构应建立会议制度,包括第一次工地会议、监理例会和监理专题会议。会议由总监理工程师或由其授权的监理工程师主持,工程建设有关各方应派员参加。各次会议应符合下列要求：

①第一次工地会议。应在合同项目开工令下达前举行，会议内容应包括工程开工准备检查情况，介绍各方负责人及其授权代理人和授权内容，沟通相关信息，进行监理工作交底。会议的具体内容可由有关各方会前约定。会议可由总监理工程师主持或由总监理工程师与发包人的负责人联合主持。

②监理例会。监理机构应定期主持召开由参建各方负责人参加的会议，会上应通报工程进展情况，检查上次监理例会中有关决定的执行情况，分析当前存在的问题，提出问题的解决方案或建议，明确会后应完成的任务。会议应形成会议纪要。

③监理专题会议。监理机构应根据需要，主持召开监理专题会议，研究解决施工中出现的涉及施工质量、施工方案、施工进度、工程变更、索赔、争议等方面的专门问题。

④总监理工程师应组织编写由监理机构主持召开的会议纪要，并分发与会各方。

(6)施工现场紧急情况报告制度。监理机构应针对施工现场可能出现的紧急情况编制处理程序、处理措施等文件。当发生紧急情况时，应立即向发包人报告，并指示承包人立即采取有效紧急措施进行处理。

(7)工作报告制度。监理机构应及时向发包人提交监理月报或监理专题报告；在工程验收时，提交监理工作报告；在监理工作结束后，提交监理工作总结报告。

(8)工程验收制度。在承包人提交验收申请后，监理机构应对其是否具备验收条件进行审核，并根据有关水利工程验收规程或合同约定，参与、组织或协助发包人组织工程验收。

3 保修阶段质量控制

3.1 保修期

保修期又称缺陷责任期，一般从工程完工、监理工程师签发完工证书之日算起，期限一年。房屋建筑工程依照住房和城乡建设部相关规定。

3.2 保修期的质量控制

(1)工程质量问题的分析检查。工程完工及试运行后，监理要制订质量检查计划，有步骤地开展质量检查工作，对发现的质量缺陷，分清责任方，如果是由承包商造成的，须由承包商自费处理合格；如果是非承包商原因造成的，可由承包商负责修复，项目法人承担费用并加到合同价之中，或由项目法人另行指定承包商处理，费用由项目法人承担支付。

(2)工程质量问题的责任鉴定。因承包商未按规范、标准、设计要求、监理指示施工，造成的质量问题由承包商负责；由项目法人采购的设备材料及构配件、项目法人不当的使用，以及地震、洪水等自然灾害、设计原因造成的质量问题，承包商不承担责任，但有负责修复的义务。

(3)缺陷项目修复的检查。监理要按照批准的缺陷修复计划，对存在的质量问题，每个工序质量进行检查与控制，直至合格。

(4)缺陷项目修复完成后，承包商必须报送“缺陷项目修复报告”，报监理验收合格后，才能结束。

(5)颁发缺陷责任期终止证书。缺陷责任期满，监理应及时签发缺陷责任期终止证书。由于一个工程项目可能有多个缺陷责任期,因此只有在最后一个缺陷责任期终止后,才可签发缺陷责任期终止证书。

(6)缺陷责任期终止证书签发后,如果仍然发现存在质量问题,承包商仍然有责任负责修复,否则,监理工程师有权扣除其第二部分保留金用于缺陷修复。

4 工程项目划分与质量评定

水利工程质量评定执行《水利水电工程施工质量检验与评定规程》(SL 176—2007)。

4.1 项目划分

(1)水利工程建设项目划分为单位工程、分部工程、单元工程三个等级,房屋建筑、公路及铁路等工程建设项目划分执行相关的行业划分标准。

(2)划分程序。由项目法人组织监理、设计、施工等单位进行划分,并确定主要单位工程、主要分部工程、重要隐蔽单元工程及关键部位单元工程,项目开工前报工程质量监督机构确认。工程实施过程中需要对其进行修改时,项目法人需重新报送工程质量监督机构确认。

(3)划分原则。

单位工程划分原则:对于枢纽工程,以每座独立的建筑物为一个单位工程;当工程规模大时,将一个建筑物中具有独立施工条件的一部分划分为一个单位工程。对于堤防工程,根据招标标段或工程结构划分单位工程;规模较大的交叉联结建筑物及管理设施以每座独立的建筑物为一个单位工程,对于引水(渠道)工程,根据招标标段或工程结构划分单位工程;大中型引水(渠道)建筑物以每座独立的建筑物为一个单位工程。对于除险加固工程,按照招标标段或加固内容,并结合工程量划分单位工程。

分部工程划分原则:对于枢纽工程,土建部分按主要组成部分划分;金属结构安装、启闭机安装及机电安装按组合功能划分。对于堤防工程,按长度或功能划分。对于引水(渠道)工程,按施工部署或长度划分,大中型建筑物按工程结构主要组成部分划分。对于除险加固工程,按加固内容或部位划分。同一单位工程中,各个分部工程的工程量或投资不宜相差过大,每个单位工程中的分部工程数目不宜少于5个。

单元工程划分原则:执行《水利水电工程单元工程施工质量验收评定标准》(SL 631~637—2012)。对于混凝土工程,每一浇筑仓号为一个单元工程,排架柱梁按一次验收范围的若干个柱梁为一个单元工程。对于土质防渗体,按照设计或施工检查区、段、层划分,每一区、段、层为一个单元工程。对于隧洞工程,混凝土浇筑按分缝确定的块划分,喷锚支护按喷护区域划分,每一块、区、段为一个单元工程。对于机电安装工程,一般以每台套设备或某一部件安装划分为一个单元工程。对于河道项目单元划分界限宜设在变形缝或结构缝处,长度不超过100 m。同一分部工程内单元工程量或投资不宜相差太大。

4.2 质量检验

水利工程质量检验包括施工准备检查、原材料及中间产品检查、金属结构检查、机电产品检查、工序质量检查、单元质量检查、质量事故检查及缺陷备案、外观质量检查等。

4.3 质量评定

《水利水电工程单元工程施工质量验收评定标准》(SL 631 ~ 637—2012),新增了工序施工质量评定等级。

4.3.1 工序质量评定等级标准

合格:

(1)主控项目检验结果应全部符合标准的要求。

(2)一般项目逐项应有70%及以上的检验点合格,且不合格点不应集中分布。

(3)各项报验资料应符合本标准要求。

优良:

(1)主控项目检验结果应全部符合标准的要求。

(2)一般项目逐项应有90%及以上的检验点合格,且不合格点不应集中分布。

(3)各项报验资料应符合本标准要求。

4.3.2 单元工程质量评定等级标准(不划分工序的)

合格:

(1)主控项目检验结果应全部符合标准的要求。

(2)一般项目逐项应有70%及其以上的检验点合格,其中河道疏浚工程,一般项目逐项应有90%及其以上的检验点合格,不合格点不应集中分布。

(3)各项报验资料应符合本标准要求。

优良:

(1)主控项目检验结果应全部符合标准的要求。

(2)一般项目逐项应有90%及其以上的检验点合格,其中河道疏浚工程,一般项目逐项应有95%及其以上的检验点合格,不合格点不应集中分布。

(3)各项报验资料应符合本标准要求。

4.3.3 单元工程质量评定等级标准(划分工序的)

合格:

(1)各工序的质量验评全部合格。

(2)各项报验资料符合标准的要求。

优良:

(1)各工序的质量验评全部合格,其中优良工序应达到50%及其以上,且主要工序应达到优良等级。

(2)各项报验资料应符合标准要求。

4.3.4 分部工程质量评定等级标准

合格:

(1)单元工程质量全部合格,质量事故及缺陷已全部处理合格。

(2)原材料、中间产品及混凝土(砂浆)试件质量全部合格,金属结构及启闭机制造质量合格,机电产品质量合格。

优良:

(1)单元工程质量全部合格,其中70%以上达到优良,重要隐蔽、关键部位单元工程优良率达90%以上,且未发生过质量事故。

(2)中间产品质量全部合格,混凝土(砂浆)试件质量达优良(当试件组数小于30组时,试件质量合格),原材料、金属结构及启闭机制造、机电产品质量合格。

4.3.5　单位工程质量评定等级标准

合格:

(1)分部工程质量全部合格。

(2)质量事故已按要求进行处理。

(3)外观质量得分率达70%以上。

(4)单位工程施工质量检验与评定资料基本齐全。

(5)施工期及试运行期,单位工程观测资料分析结果符合国家与行业技术标准以及合同约定的标准要求。

优良:

(1)分部工程质量全部合格,其中70%以上达优良标准,主要分部工程全部优良,且施工中未发生过较大质量事故。

(2)质量事故已按要求进行处理。

(3)外观质量得分率达85%以上。

(4)单位工程施工质量检验与评定资料基本齐全。

(5)施工期及试运行期,单位工程观测资料分析结果符合国家与行业技术标准以及合同约定的标准要求。

4.3.6　工程项目质量评定等级标准

合格:

(1)单位工程质量全部合格。

(2)施工期及试运行期,各单位工程观测资料分析结果符合国家与行业技术标准以及合同约定的标准要求。

优良:

(1)单位工程质量全部合格,其中70%以上单位工程质量达优良,且主要单位工程质量全部优良。

(2)施工期及试运行期,各单位工程观测资料分析结果符合国家与行业技术标准以及合同约定的标准要求。

4.4　外观质量评定

水利工程在进行单位工程的验收评定前,还规定必须对工程的外观质量进行打分评定。外观质量评定组由法人组织、监理、设计、施工及运行管理单位的专家组成(人数不少于5人,大型工程不少于7人),制定评定标准,现场进行外观质量评定。评定结果应报工程质量监督机构核定。按照《水利水电工程施工质量检验与评定规程》(SL 176—2007)的有关规定,水利工程外观质量评定包括枢纽工程中的水工建筑物、堤防工程、引水(渠道)工程、永久性房屋等。得分高低作为确定单位工程优良或合格的依据之一。

4.5　质量评定的组织

单元工程质量由施工单位自评合格后,监理单位复核并确定质量等级。

重要隐蔽单元工程、关键部位单元工程质量由施工单位自评合格,监理单位抽检合格后,由法人(或委托监理)、监理、设计、施工、运管单位组成联合小组,共同核定其质量等级,报质量监督机构核备。

分部工程质量由施工单位自评合格后,监理单位复核,项目法人认定质量等级并报质量监督机构核备。大型枢纽工程主要建筑物的分部工程质量等级由法人报质量监督机构核定。

单位工程质量由施工单位自评合格后,监理单位复核,项目法人认定并报质量监督机构核定。

工程项目质量由施工单位自评合格后,监理单位统计并核定质量等级,项目法人认定并报质量监督机构核定。

5　工程质量验收

5.1　验收的组织

水利工程验收执行《水利水电建设工程验收规程》(SL 223—2008)。验收分为法人验收和政府验收,法人验收包括分部验收、单位验收、机组启动验收、完工验收,由项目法人组织成立的验收工作组负责;政府验收分为阶段验收、专项验收、竣工验收,由验收支持单位组织成立的验收委员会负责。验收委员会(工作组)由有关单位代表和有关专家组成。验收成果为验收鉴定书。

5.2　验收的监督管理

水利部负责全国水利工程建设项目验收的监督管理工作。

水利部所属流域管理机构由水利部授权,负责流域内的水利工程建设项目验收的监督管理工作。

县级以上地方政府水行政主管部门负责本行政区域内水利工程建设项目验收的监督管理工作。

5.3　分部工程验收

分部工程验收应由法人(或委托监理单位)主持,验收组由法人、勘测单位、设计单位、监理单位、施工单位、主要设备制造(供应)商、运管单位的代表组成,大型枢纽工程主要建筑物的分部工程验收时质量监督机构宜派代表列席。大型工程的分部工程验收组成员应具有中级及其以上技术职称或相应的执业资格;其他工程的验收组成员应具有相应的专业知识或执业资格。每个单位的代表人数不宜超过2人。

分部工程验收的条件:验收申请报告已批准;所有单元工程已完成;已完单元工程质量评定全部合格,有关质量缺陷已处理完毕;合同约定的其他条件已满足。

分部工程验收的内容:检查工程是否达到设计标准或合同约定的标准;评定工程质量等级;对验收中发现的问题提出处理意见。

分部工程验收的程序:听取施工方的单元工程质量评定汇报,现场检查工程完成情况及工程质量,检查单元工程质量评定及档案资料,通过分部工程验收鉴定书。

5.4　单位工程验收

单位工程验收应由法人主持,验收组由法人、勘测单位、设计单位、监理单位、施工单位、主要设备制造(供应)商、运管单位的代表组成,必要时可邀请上述单位以外的专家参加。单位工程验收前应提前通知质量和安全监督机构。主要建筑物的单位工程验收时应提前通知法人验收监督机关,质量和安全监督机构应派员列席会议。

单位工程验收的条件:验收申请报告已批准;所有分部工程已完成并验收合格;分部验收遗留问题已处理完毕,未处理的也不影响单位工程质量评定并有处理意见;合同约定的其他条件已满足。

单位工程验收的内容:检查工程是否按照批准的设计内容完成,评定工程质量等级,检查分部工程验收遗留问题的处理情况,对验收中发现的问题提出处理意见。

单位工程验收的程序:听取参建单位的情况汇报,现场检查工程完成情况和工程质量,检查分部工程验收文件及档案资料,通过单位工程验收鉴定书。

5.5 竣工验收

竣工验收分为竣工技术预验收和竣工验收两个阶段。

5.5.1 竣工验收的条件

(1)竣工验收申请报告已经法人验收监督机关和竣工验收主持单位批准。

(2)工程已按照设计全部完成。

(3)工程重大设计变更已经由有审批权的单位批准。

(4)竣工验收技术鉴定已完成(大型、中型工程是否需要竣工验收技术鉴定由验收主持单位定)。

(5)各单位工程能正常运行。

(6)历次验收发现问题已处理完毕。

(7)各项专项验收已通过。

(8)工程投资已全部到位。

(9)竣工财务决算已通过竣工审计,问题已整改并提交了整改报告。

(10)运管单位已经明确,管理养护费已经落实。

(11)质量和安全监督报告已提交,工程质量达合格标准。

(12)竣工验收资料已准备就绪。

5.5.2 竣工验收的程序

(1)法人组织进行竣工验收自查。

(2)法人提交竣工验收申请报告。

(3)竣工验收主持单位批准竣工验收申请报告。

(4)进行竣工技术预验收。

(5)召开竣工验收会议。

(6)通过竣工验收鉴定书。

5.5.3 竣工验收自查

(1)自查的组织:由法人组织勘测、设计、监理、施工、主要设备制造(供应)商、运管单位的代表参加。自查前,法人应提前10日通知质量和安全监督机构,质量和安全监督机构应派员参加;同时还应向法人验收监督管理机关报告,自查报告需报质量监督机构。

(2)自查内容:检查有关单位的工作报告。

检查工程建设情况,评定工程项目的质量等级。

检查历次验收的遗留问题及初期运行所发现问题的处理情况。

确定尾工内容及完成期限。

对竣工验收前应完成的工作作出安排。

通过竣工验收自查报告。

5.5.4 工程质量抽检

竣工验收主持单位有权委托独立的第三方对工程质量进行抽检,费用由法人支付,并需要法人与独立的第三方签订工程质量检测合同。检测报告中指出的质量问题,法人应及时组织有关单位研究处理,未处理完毕前,不应竣工验收。

5.5.5 竣工技术预验收

(1)竣工技术预验收的组织:竣工技术预验收由竣工验收主持单位组织的专家组负责,专家组可下设专业工作组。专家组应具有高级技术职称或相应资格,成员的2/3以上应来自非参建单位。参建单位的代表应派员参加。

(2)验收的内容。

检查工程是否按设计完成。

检查工程是否存在质量隐患及影响安全运行的问题。

检查历次验收的遗留问题及初期运行所发现问题的处理情况。

对工程重大技术问题作出评价。

检查工程尾工安排情况。

鉴定工程质量。

检查工程投资、财务情况。

对验收中发现的问题提出处理意见。

(3)验收的程序。

现场检查工程建设情况,查阅有关工程资料。

听取参建单位的工作报告。

听取竣工验收技术鉴定报告及工程质量抽检报告。

专业工作组讨论并形成工作组意见。

讨论通过竣工技术预验收工作报告。

讨论形成竣工验收鉴定书初稿。

5.5.6 竣工验收

竣工验收的组织:由竣工验收委员会负责,竣工验收委员会设主任委员1名(由验收主持单位代表担任),副主任委员及委员若干名。竣工验收委员会由竣工验收主持单位、有关地方人民政府及部门、有关水行政主管部门及流域机构、质量安全监督机构、运管单位的代表及专家组成。工程投资方代表可参加竣工验收委员会。被验收单位应派代表参加。

验收内容:现场检查工程建设情况,查阅有关工程资料。

召开大会(宣布验收委员会组成人员名单、观看工程建设的声像资料、听取工程建设管理工作报告、听取竣工技术预验收工作报告、听取竣工委员会确定的其他报告、讨论通过竣工验收鉴定书并签字）。

6 数据的统计分析

用于质量数据统计分析的方法有直方图法、控制图法、因果分析图法、排列图法、分层法、相关图法6种。

6.1 直方图法

直方图法是指通过频数分布来分析研究数据的集中程度和波动范围的一种数学方法。它既可以明确质量分布，也可以准确得出平均值和标准偏差。直方图法分为正常型与异常型两种。正常型是左右对称的山峰状，符合正态分布规律，表示生产处于稳定状态；异常型是带有某种缺陷的直方图，表示生产处于不稳定状态，一般有锯齿型、孤岛型、双峰型、绝壁型几种，根据其形状可以分析生产不正常和质量不稳定的原因。

直方图法的做法如下：

（1）数据从小到大排列，找出最大值、最小值。

（2）确定分组数及组距。

（3）确定各组区间的上、下限值及组中值。

（4）统计各组数据的频数。

（5）以纵坐标为频数、横坐标为各组中值、组距为各组区间的底宽，绘出直方图。

6.2 控制图法

产品质量形成过程是一个动态过程，为了控制生产的质量状态，必须了解生产过程中的质量随时间变化的状态，这就需要用到控制图法。

以样本序号或抽样时间为横坐标、质量特征值为纵坐标，用三条水平线（控制上限线UCL、控制下限线LCL、中心线CL）表示生产过程的图称为控制图。

检查中，所控制的质量特征值全部落在上、下控制线之内，且点的排列无缺陷，则可以判断过程属于正常控制状态，否则就存在异常因素。

6.3 因果分析图法

因果分析图又称鱼翅图、特征要因图，就是把对结果（或特征）有影响的重要原因的因素进行分析与分类，在同一张图上用箭线将其关系表示出来，通过整理、归纳、分析，搞清因果关系，直到解决质量问题为止。

因果分析图的做法：

（1）确定要分析的质量特征，向右画出粗箭线。

（2）研究造成质量问题的各种原因，从4M1E五个方面，逐层分析、步步深入、由大到小、追查原因中的原因，直至能针对原因采取具体措施。

（3）按大原因、小原因顺序，用箭线逐层逐个标于图上。

6.4 排列图法

排列图又称主次因素排列图，是按照出现各种质量问题的频数、按大小次序排列，找出造成质量问题的主要因素、一般因素、次要因素，以便抓住问题的关键。

排列图由左纵坐标表示频数、右纵坐标表示频率、横坐标表示影响质量的各种因素（从左到右、由大到小排列），若干矩形、一条曲线组成。

6.5　分层法

分层法又称分组法,是将数据进行整理,按照不同的目的分类,将性质相同、生产条件相同的数据归纳在一起,再利用其他方法制成图表,得到分层排列图、分层直方图等。分层法不是单独使用,而是与其他方法配合使用。

6.6　相关图法

相关图法是一种分析、判断两种数据(质量特性与影响因素)之间是否存在相关关系,以及相关程度的方法。相关程度有正相关、负相关、非线性关系、不相关几种。

7　质量事故的处理

7.1　水利工程质量事故的分类标准

水利工程质量事故的分类标准,以事故造成的经济损失和耽误的工期或对使用功能、寿命的影响分类。具体分类如表2-2所示。

表2-2　水利工程质量事故的分类标准

损失情况		事故类别			
		特大质量事故	重大质量事故	较大质量事故	一般质量事故
事故处理所需物资、设备及器材、人工等直接损失费用(万元)	大体积混凝土,金属结构制作与机电安装工程	>3 000	>500,≤3 000	>100,≤500	>20,≤100
	土石方工程,混凝土薄壁工程	>1 000	>100,≤1 000	>30,≤100	>10,≤30
事故处理所需合理工期(月)		>6	>3,≤6	>1,≤3	≤1
处理后对功能和寿命的影响		影响工程正常使用,需限制条件运行	不影响工程正常使用,但对寿命有较大影响	不影响工程正常使用,但对寿命有一定影响	不影响工程正常使用和寿命

注:1. 直接经济损失费用为必须条件,其他两项主要适用于大中型工程。

2. 小于一般质量事故问题称为质量缺陷。

7.2　质量事故处理的原则

质量事故发生造成了较大影响,也会给工程造成较大损失,为了在以后工作中,不再发生,质量事故的处理执行“三不放过”的原则:即事故原因不查清不放过、事故主要责任者和职工未受到教育不放过、补救措施不落实不放过。

7.3　质量事故的原因分类

(1)违反基建程序。

(2)地质勘察或地基处理失误。

(3)设计方案及设计计算失误。

(4)材料及制品不合格。

(5)施工及管理失控。

7.4 质量事故处理的一般步骤

(1)下达停工令。

(2)事故调查。

(3)原因分析。

(4)事故处理。

(5)检查验收。

(6)下达复工令。

7.5 质量事故处理的处理方法

(1)修补。

(2)返工。

8 钢筋使用的一些简单知识及工程建设质量控制案例

8.1 钢筋的有关说明

热轧光圆钢筋有 HPB235 和 HPB300 两种,H、P、B 分别为热轧(Hotrolled)、光圆(Plain)、钢筋(Bars)三个词的英文单词首字母。HPB 代表热轧光圆钢筋,235、300 表示钢筋的屈服强度。按国家规定 HPB235 钢筋在 2013 年 1 月 1 日已停产,目前,在施工现场已经很少有 HPB235 钢筋。光圆钢筋外表无标识,仅通过标牌来区分,容易混用,同一工程中 235 和 300 不得同时使用。

热轧带肋钢筋的俗称是螺纹钢,分为 HRB335(Ⅱ级)、HRB400(Ⅲ级)、HRB500(Ⅳ级)三个牌号。热轧带肋钢筋的牌号由 HRB 和牌号的屈服点最小值构成。H、R、B 分别为热轧(Hotrolled)、带肋(Ribbed)、钢筋(Bars)三个词的英文首位字母。带肋钢筋外形有螺旋形、人字形和月牙形三种,一般Ⅱ、Ⅲ级钢筋轧制成人字形,Ⅳ级钢筋轧制成螺旋形及月牙形。主要用途:广泛用于房屋、桥梁、道路、水利等土建工程建设。主要产地:螺纹钢的生产厂家在我国主要分布在华北和东北,华北地区如首钢、唐钢、宣钢、承钢、普瑞钢材等,东北地区如西林、北台、抚钢等,这两个地区约占全国螺纹钢总产量的 50% 以上。

钢材理论重量计算的计量单位为千克(kg)。其基本公式为:W(质量, kg) = F(断面面积,mm^2) ×L(长度, m) ×ρ(密度, g/cm^3) × 1/1 000,钢的密度为:7.85 g/cm^3,螺纹钢理论质量计算公式如下:$W = 0.006\ 17 \times d^2$(kg/m),d 为断面直径,mm,如断面直径为 12 mm 的螺纹钢,每米重量 $= 0.006\ 17 \times 12^2 = 0.888$(kg)。

2009 年 9 月 1 日实施的《钢筋混凝土用钢　第 2 部分:热轧带肋钢筋》(GB 1499.2—2007)在分类、牌号上增加了细晶粒热轧钢筋:HRBF335、HRBF500;在订货合同上增加了“标准编号、产品名称、钢筋牌号、钢筋公称直径、长度及质量、特殊要求。标志就是刻在钢筋上的标记,旧标准 HRB335 用“2”表示;HRB400 用“3”表示;HRB500 用“4”表示。而新标准的标志作了变动:HRB335 用“3”表示;HRB400 用“4”表示;HRB500 用“5”表示;HRBF335 用“C3”表示;HRBF400 用“C4”表示;HRBF500 用“C5”表示。牌号带 E 的抗震钢筋在标牌和“质保书”上要明示。

8.2 案例 1:原材料使用前的监理(以左权县××水库出现加固工程为例)

山西省左权县××水库位于海河流域南运河水系清漳西源中游,位于县城西北 9 km

的石匣村北,始建于1959年,1960年拦洪蓄水运行,是一座以防洪为主兼顾灌溉、供水、发电、养殖的中型水库,枢纽包括主坝、副坝、溢洪道、导流洞和发电站几部分。水库控制流域面积754 km^2,流域长度56 km,流域平均宽度13 km,流域平均比降4.98%。2001~2002年,省发展计划委员会、财政厅、水利厅批准了石匣水库进行除险加固的文件,工程投资1 558万元,项目包括:主坝坝基坝肩灌浆及上下游坝坡整修、副坝加高、溢洪道改扩建、输水洞阀门更新四项。

2002年6月,通过招标施工单位进场开始进行加固施工,经过一年的施工除险加固项目全部完成,完成主要工程量:土石方开挖35 000 m^3,土石方回填36 000 m^3,帷幕灌浆4 600 m,浆砌石2 500 m^3,混凝土3 000 m^3,橡胶坝袋安装240 m^2。

原材料使用前,首先施工单位进行了原材料进场报验,监理部审核了施工单位报送的原材料的出厂合格证、化验单,检查了原材料品种、厂名、强度等级、出厂日期等,检查结果全部符合设计及规范的要求。其次,要求施工单位委托具有甲级水利试验室资质的省水科院材料室进行原材料检验,合格后方可使用。施工单位共试验:水泥8组、钢筋2组、细骨料4组、粗骨料2组、块石1组、砂浆试块46组,混凝土试块39组,钢筋焊接2组,试验结果全部合格。最后,在施工过程中,监理部抽检(按施工方取样数的10%)水泥4组、钢筋1组、细骨料6组、粗骨料1组、块石1组、钢筋焊接1组、混凝土试块10组、砂浆试块9组,抽检结果全部合格。在土方回填过程中,施工单位共检测干容重210组,试验结果合格;监理抽检干容重42组,抽检结果全部合格。通过以上原材料控制措施,杜绝了不合格材料的进场使用,有力的保证了工程的质量。水利工程常用材料的检验项目及取样频数如表2-3、表2-4所示。

表2-3 常用材料检验项目

序号	名称	主要项目	其他项目
1	水泥	凝结时间、强度、体积安定性	细度、水化热、碱含量、MgO、SO_3
2	钢材	抗拉强度、抗弯强度	焊接件的机械性能
3	砂	级配、含泥量、泥块含量、石粉含量(人工砂)、坚固性或压碎指标	有害物(云母、有机物、硫化物、氯化物、轻物质)
4	石子	级配、含泥量、泥块含量、坚固性或压碎指标、针片状含量	有害物(有机物、硫化物、硫酸盐)
5	外加剂	减水率、凝结时间差、抗压强度对比、钢筋锈蚀、抗冻	含气量、泌水率比、收缩率、相对耐久性
6	复合土工膜	撕破力、断裂强度、顶破强度、单位面积重量	断裂延长率、渗透系数、抗渗强度、光老化、耐化学、耐低温
7	粉煤灰	细度、烧失量、需水量比、含水量	碱含量、SO_3

表 2-4　原材料检验取样方法

材料名称	取样单位	取样数量	取样方法
水泥	同厂家、同品种、强度等级 400 t 为一批,不足者按一批计	20 kg	从不同部位的 15 袋中取
热轧钢筋	同炉批号、同截面 60 t 为一批,不足者也按一批计	3 根	从 3 根不同钢筋上,各自取样
冷拉钢筋	<10 t 为一批($d \leqslant 12$ mm) <20 t 为一批($d \geqslant 14$ mm)	3 根	从 3 根不同钢筋上,各自取样
砂	200 m^3 为一批,不足者按一批计	30 ~ 50 kg	料堆上、中、下三个部位取,再按四分法缩分提取
石子	200 m^3 为一批,不足者按一批计	30 kg	料堆上、中、下三个部位取,再按四分法缩分提取
粉煤灰	同级别 200 t 为一批,不足者按一批计	15 kg(散装灰,取 15 个部位) 10 kg(袋装灰,取 10 袋)	四分法缩取比试剂需量大 1 倍的试样
钢筋焊件闪光对焊	以同一班内、同一焊工、同一焊接参数完成的 200 个同类型接头为一批。一周内连续焊接累计不足 200 个接头亦作为一批	每批从成品中切取三个拉伸试件,三个弯曲试件	随机
钢筋焊件电弧焊	以同钢筋级别、同接头型式的同类型接头 300 个为一批	每批成品中切取三个拉伸试件	随机
钢筋电渣压力焊	以一般构筑物中从同钢筋级别、同钢筋直径的同类型接头 300 个为一批	从每批成品中切取三个拉伸试件	随机

8.3　案例 2:工程项目划分及质量评定(以朔州××水库泵站引水工程为例)

××水库泵站引水工程位于山西省朔州市平鲁区榆林乡东石湖村南,东经 112°31′,北纬 39°34′,距平鲁区约 25 km,距朔州市约 45 km。取水水源属海河流域、桑干河支流源子河上,控制流域面积 1 603 km^2,占源子河流域面积的 77.7%。是东露天矿生产用水的水源工程,也是山西省兴水战略的 36 项水源工程之一。

××水库泵站引水工程由临时取水枢纽、取水口、泵站、供水管线 4.4 km、30 万 m^3 调蓄水池、6 kV 输电线路组成,由泵站抽水至调蓄水池,再由调蓄水池分别向东露天矿各工业区供水,以满足东露天矿的生产要求。工程总投资 1.4 亿元。

××水库泵站引水工程向东露天矿供水,根据《水利水电工程等级划分及洪水标准》(SL 252—2000),按供水对象确定工程等别为Ⅳ等,主要建筑物取水口、泵站、供水管线、调蓄水池及防洪堤建筑物级别均为 4 级,相应洪水标准为 10 年一遇洪水设计,30 年一遇洪水校核;次要建筑物和临时建筑物为 5 级,河道下游防洪标准为 10 年一遇洪水设计,施工导流洪水标准为 5 年一遇设计。

依据项目划分,× × 水库泵站引水工程共分为 3 个单位工程、23 个分部工程、920 个单元工程。工程质量评定结果为:3 个单位工程,质量全部合格,其中 1 个优良,优良率 33.3%。泵站及管线单位工程分为 8 个分部工程,质量全部合格,其中 7 个优良,优良率 87.5%;枢纽单位工程分为 6 个分部工程,质量全部合格,其中优良 0 个,优良率 0%;调蓄水池单位工程分为 9 个分部工程,质量全部合格,其中优良 4 个,优良率 44.4%。泵站及管线单位工程分为 362 个单元工程,质量全部合格,其中优良 296 个,优良率 81.8%;枢纽单位工程分为 97 个单元工程,质量全部合格,其中优良 81 个,优良率 83.5%。调蓄水池单位工程分为 461 个单元工程,质量全部合格,其中优良 384 个,优良率 83.3%;完成情况及质量评定情况见表 2-5。

表 2-5 东石湖工程项目划分及质量评定汇总

单位工程		分部工程		单元工程			
名称	评定结果	名称	评定结果	总数	合格	优良	优良率(%)
泵站及管线	优良	1. △取水口及进水建筑物	优良	24	24	20	83.8
		2. △泵站厂房	优良	33	33	27	81.8
		3. △压力管线及出水池	优良	60	60	50	83.3
		4. △供水管线	优良	179	179	149	83.2
		5. 厂区路面防洪堤	优良	30	30	26	86.7
		6. 机电设备安装	优良	20	20	16	80.0
		7. 金属结构安装	优良	10	10	8	80.0
		8. 6 kV 输电线路	合格	6	6	0	0
		小计	7/8	362	362	296	81.8
调蓄水池	合格	1. 土方开挖及回填	优良	55	55	45	81.8
		2. △趾板	合格	48	48	39	81.3
		3. △面板	优良	97	97	91	93.8
		4. △底板及中隔墙	合格	54	54	45	83.3
		5. 垫层及过渡层	合格	65	65	52	80.0
		6. 堆石体及护坡	合格	25	25	21	84.0
		7. 坝顶	优良	53	53	45	84.9
		8. 附属物(阀室)	优良	17	17	14	82.4
		9. 趾板固结灌浆	合格	47	47	32	68.1
		小计	4/9	461	461	384	83.3

续表 2-5

单位工程		分部工程		单元工程			
名称	评定结果	名称	评定结果	总数	合格	优良	优良率(%)
枢纽工程	合格	1. △溢流滚水堰	合格	26	26	21	80.8
		2. △冲沙闸	合格	18	18	15	83.3
		3. △左岸挡水坝段	合格	13	13	11	84.6
		4. 护坦、海漫及左右护岸	合格	14	14	12	85.7
		5. △交通桥	合格	18	18	15	83.3
		6. 金结设备及安装	合格	8	8	7	87.5
		小计	0/6	97	97	81	83.5
总计	1/3	23	11/23	920	920	761	82.7
项目评定	合格						

注:表中分部名称前加"△"表示主要分部。

思考题

1. 监理工程师对项目法人的开工条件应审查哪些方面?

2. 监理工程师对承包商的开工条件应审查哪些方面?

3. 事中质量控制的 4M1E 指的是什么?

4. 工序质量控制的内容有哪些?

5. 监理的质量控制方法有哪些?

6. 单元工程的质量评定标准是什么?

7. 工程的竣工验收程序如何?

8. 简述竣工技术预验收的内容。由何人组织?

9. 质量数据的统计方法有哪些?

10. 某水利工程,施工单位进场后完成施工准备工作后,向监理单位提出"开工申请"。

(1)监理工程师对承包人的开工条件进行检查,检查的内容包括:①是否已经办理了质量监督手续和施工许可证;②工地试验室和试验计量设备的检查;③施工用地的征用;④基准点、基准线的复核;⑤施工机具、设备的检查;⑥首次工程预付款的付款。

(2)承包人开工前向监理单位提交了施工组织设计;该施工组织设计经监理工程师批准后开始实施。在施工过程中发生了以下事件(分别分析):

①在检查过程中,监理机构发现承包人并没有按已经批准的施工组织设计进行实施。

②由于施工条件发生变化,已经不能按原来的施工方案实施。

问题:1. 在(1)中,监理工程师审查承包商的开工条件的内容有无错误?为什么?

2. 在(2)中,出现的问题如何进行处理?请分别分析。

项目3 工程施工进度控制

任务1 案 例

某地方水利工程，发包人与承包人依据《水利水电土建施工合同条件》签订了施工承包合同。施工方在开工前向监理工程师提交了进度计划，且得到批准。

在土方施工中，由于以下原因引起停工：

(1)合同规定发包人移交施工现场的时间为当年的10月10日，由于发包人的原因，实际移交时间推迟了5天。

(2)10月12~18日施工场地连降大雨，属于不利自然条件，在降雨期间无法施工。

(3)10月28日~11月2日，承包人的施工设备发生故障，主体施工发生施工暂停；

监理工程师对该事件如何处理，监理工程师应否批准工程延期。

任务2 学习内容

课前思考：

1. 简述进度计划编制依据。
2. 影响施工进度的因素有哪些？
3. 监理工程师进行进度控制的手段有哪些？
4. 监理工程师在工程实施中如何进行进度控制？

1 工程进度控制概述

工程施工进度是工程施工承包合同中关于施工活动的具体时间安排，是履行工程承包合同的重要内容，进度控制是实现工程工期目标的基本保证，是工程项目建设监理“三大控制”目标之一。项目监理人员应通过进度计划控制措施，有效地保证进度计划的落实与执行，实现最优化工期，多快好省地完成任务。如果工程进度失控，必然导致人力、物力的浪费，甚至可能影响工程质量和安全。拖延工期后赶进度，工程建设的直接费用将会增加，工程质量也易出现问题。在关键时刻(如截流、下闸蓄水)赶不上工期，错过有利的施工时机，将会造成重大损失。如果工期大幅度拖延，工程不能按期投产受益，损失将是巨大的，直接影响工程的投资效益。延误工期固然会导致经济损失，盲目地、不协调地加快工程进度，同样也是片面的，也会增加大量的非生产性支出。

虽然，合同约定，按照工期完工是承包人的义务，但是，通过监理人有效的事前、事中、事后控制，可以敦促承包人按期完工，减少工期延误的风险。

进度控制需要以周密、合理的进度计划为指导;统筹安排不同部位、不同专业的施工进度,避免相互干扰;统筹安排资金投入、设备供应、材料供应以及移民征地等,满足施工进度计划的要求;使施工进度适应现场气候、水文、气象等自然条件。

1.1 建设工期

1.1.1 建设工期的概念

建设工期是指建设项目从正式开工到全部建成投产或交付使用所经历的时间。建设工期一般按日历月或天数计算,并在总进度计划中明确建设的起止日期。

建设工期是项目法人根据项目投产要求,项目工程量与项目特点,技术与管理水平,建设条件以及项目的其他具体情况,参考工期定额,在系统地编制和分析进度计划的基础上拟定,并按项目的审批权限经主管部门、建设计划部门批准确定的。

明确规定建设工期,既是对项目投产时间的基本要求和规定,也是具体安排建设计划的依据。建设项目实施过程中各项活动的计划安排和开展,在时间上都需要围绕建设工期这一目标进行,如项目招标采购、征地拆迁与移民安置、设计、施工、物资供应、工程验收等。

一般来说,可按照项目建设各阶段的特征及其对工期的控制作用,将建设工期分为下列阶段:

(1)工程准备阶段。指从临时工程开工起至坝(闸)工程河床基坑开挖或引水式电站主体工程开始施工的时间。

(2)工程主体阶段。指从河床基坑或引水道、厂房开挖起至枢纽工程开始发挥效益或电站第一台机组开始发电的时间。

(3)工程完建阶段。指从枢纽工程开始发挥效益或电站第一台机组开始发电起至工程竣工的时间。

1.1.2 建设工期定额

建设工期定额是指在平均的建设管理水平和施工装备水平及正常的建设条件(自然的、经济的)下,一个建设项目从设计文件规定的工程正式破土动工到全部工程建完、验收合格交付使用全过程所需的额定时间。工期定额按月(或天)数计算。

建设工期定额是计算和确定建设项目工期的参考标准,对编制进度计划和工程进度控制具有指导作用。

建设工期定额按项目的具体组成和工程内容不同,可划分为整个建设项目的工期和主要单项工程的工期。

1.1.3 合同工期的概念

工程项目建设是由一系列有序的相互联系、相互制约的活动组成的。在市场经济条件下,这些活动由具有不同专业技能的单位完成,如设计、施工、监理、材料供应、设备供应等。就施工任务而言,一般分成若干个合同项目,分别由不同的承包商完成。按照建设工期的总体要求,每个合同项目都有其相应的合同工期。合同工期是发包人与承包人签订的合同中确定的承包人完成所承包项目的工期。

1.2 工程进度控制过程与任务

1.2.1 工程进度控制过程

工程进度控制是个动态的、循环的、复杂的过程,其一个循环一般包括计划、实施、检查、调整(即 PDCA)四个小过程,也是一项效益显著的工作。

(1)计划是指根据施工的具体情况,合理编制符合工期要求的最优计划。

(2)实施是指进度计划的落实与执行。

(3)检查是指在进度计划的落实与执行过程中,跟踪检查实际进度,并与计划进度对比分析,确定两者之间的关系。

(4)调整是指根据检查对比的结果,分析实际进度与计划进度之间的偏差对工期的影响,采取切合实际的调整措施,使计划进度符合新的实际情况,在新的起点上进行下一轮控制循环,如此循环进行下去,直到完成施工任务。

1.2.2 工程进度控制任务

(1)编制工程施工总进度计划并控制其执行,按期完成整个施工项目任务。

(2)编制单位工程施工进度计划并控制其执行,保证按期完成单位工程的任务。

(3)编制分部分项工程施工进度计划并控制其执行,以保证按期完成分部分项工程的施工任务。

(4)编制季、月(旬)作业计划并控制其执行,保证按时完成规定的目标。

(5)检查工程施工进度进展情况,当工程施工进度计划出现偏差时,及时进行调整,以保证施工进度符合计划规定。

(6)随工程施工的进展,及时检查和调整施工进度计划,在保证工期的情况下,尽可能使工程进度最优化。

1.3 影响施工进度的因素

在工程施工过程中,特别对于一些规模较大或地质、环境、施工要求较高的大中型水利水电工程,其施工工期较长,涉及的方面较多,因而影响施工进度的因素也特别多。在编制和执行施工进度计划时,必须充分认识和考虑这些因素,工程施工中,常见的影响施工进度的因素见表3-1。

当工程施工进度出现偏差时,项目监理人员应充分考虑有关影响因素,分析产生的原因,及时做出调整或采取措施,以保证施工进度符合工期要求。

1.4 工程进度控制原理

工程进度是以现代科学管理的基本原理作为其理论基础的,主要有系统控制原理、动态控制原理、信息反馈原理、弹性原理和封闭循环原理等。

1.4.1 系统控制原理

工程项目施工进度控制本身是一个系统工程,它包括项目施工进度计划系统和项目施工进度实施系统以及施工进度控制的组织系统三个部分。项目经理必须按照系统控制原理,强化其控制全过程。

1.4.1.1 施工进度计划系统

为做好项目施工进度控制工作,必须根据项目施工进度控制目标要求,制订出项目施工进度计划系统。根据需要,计划系统一般包括施工总进度计划,单位工程进度计划,分部、分项工程进度计划和季、月、旬等作业计划。这些计划的编制对象由大到小,内容由粗到细,将进度控制目标逐层分解,保证了计划控制目标的落实。在执行项目施工进度计划时,应以局部计划保证整体计划,最终达到施工进度控制目标。

表 3-1　影响施工进度的因素

种类	影响因素	相应对策
项目经理部内部因素	1. 施工组织不合理,人力机械设备调配不当,解决问题不及时; 2. 施工技术措施不当或发生事故; 3. 质量不合格引起返工; 4. 与相关单位关系协调不善等; 5. 项目经理部管理水平低	1. 项目经理部的活动对施工进度起决定作用,因而需注意; 2. 提高项目经理部的组织管理技术水平; 3. 提高施工作业层的素质; 4. 重视内外关系的协调
相关单位因素	1. 设计图纸供应不及时或有误; 2. 项目法人要求设计变更; 3. 实际工程量增减变化; 4. 材料供应、运输等不及时或质量、数量、规格不符合要求; 5. 水电通信等部门、分包单位没有认真履行合同或违约; 6. 资金没有按时拨付等	相关单位的密切配合与支持,是保证施工进度的必要条件,项目经理部应做好: 1. 与有关单位以合同形式明确双方协作配合要求,严格履行合同,寻求法律保护,减少和避免损失; 2. 编制进度计划时,要充分考虑向主管部门和职能部门进行申报、审批所需的时间,留有余地
不可预见因素	1. 施工现场水文地质状况比设计合同文件预计的要复杂得多; 2. 严重自然灾害; 3. 战争、政变等政治因素等	1. 该类因素一旦发生就会造成较大影响,做好调查分析和预测; 2. 有些因素可通过参加保险、规避或减少风险

1.4.1.2　施工进度实施系统

施工实施全过程的各专业队伍都是遵照计划规定的目标去努力完成一个个任务的。施工经理和有关劳动调配、材料设备、采购运输等各职能部门都按照施工进度规定的要求进行严格管理、落实和完成各自的任务。施工组织各级负责人,从项目经理、施工队长、班组长及其所属全体成员组成了施工实施的完整组织系统。

1.4.1.3　施工进度控制的组织系统

为了保证施工进度实施,还有一个项目进度的检查控制系统。自公司经理、项目经理,一直到作业班组都设有专门职能部门或人员负责检查汇报,统计整理实际施工进度的资料,并与计划进度比较分析和进度调整。当然不同层次人员负有不同进度控制职责,分工协作,形成一个纵横连接的施工控制组织系统。事实上有的领导可能是计划的实施者又是计划的控制者。实施是计划控制的落实,控制是计划按期实施的保证。

1.4.2　动态控制原理

施工进度控制随着施工活动向前推进,根据各方面的变化情况,进行适时的动态控制,以保证计划符合变化的情况。同时,这种动态控制又是按照计划、实施、检查、调整这四个不断循环的过程进行控制的。在项目实施过程中,可分别以整个施工项目、单位工程、分部工程或分项工程为对象,建立不同层次的循环控制系统,并使其循环下去。这样每循环一次，其项目管理水平就会提高一步。

1.4.3 信息反馈原理

反馈是控制系统把信息输送出去，又把其作用结果返送回来，并对信息的再输出施加影响，起到控制作用，以达到预期目的。

施工进度控制的过程实质上就是对有关施工活动和进度的信息不断收集、加工、汇总、反馈的过程。施工信息管理中心要对收集的施工进度和相关影响因素的资料进行加工分析，由领导作出决策后，向下发出指令，指导施工或对原计划做出新的调整、部署；基层作业组织根据计划和指令安排施工活动，并将实际进度和遇到的问题随时上报。每天都有大量的内外部信息、纵横向信息流进流出。因而必须建立健全一个施工进度控制的信息网络，使信息准确、及时、畅通、反馈灵敏、有力，以及能正确运用信息对施工活动有效控制，才能确保施工的顺利实施和如期完成。

1.4.4 弹性原理

施工进度计划工期长、影响进度的原因多，其中有的已被人们掌握，根据统计经验估计出影响的程度和出现的可能性，并在确定进度目标时，进行实现目标的风险分析。在计划编制者具备了这些知识和实践经验之后，编制施工进度计划时就会留有余地，即是使施工进度计划具有弹性。在进行施工进度控制时，便可以利用这些弹性，缩短有关工作的时间，或者改变它们之间的搭接关系，使检查之前拖延了工期，通过缩短剩余计划工期的方法，仍然达到预期的计划目标。这就是施工进度控制中对弹性原理的应用。

1.4.5 封闭循环原理

施工进度控制是从编制项目施工进度计划开始的，由于影响因素的复杂和不确定性，在计划实施的全过程中，需要连续跟踪检查，不断地将实际进度与计划进度进行比较，如果运行正常可继续执行原计划；如果发生偏差，应在分析其产生的原因后，采取相应的解决措施和办法，对原进度计划进行调整和修订，然后进入一个新的计划执行过程。这个由计划、实施、检查、比较、分析、纠偏等环节组成的过程就形成了一个封闭循环回路。而施工进度控制的全过程就是在许多这样的封闭循环中得到有效的调整、修正与纠偏，而最终实现总目标。

1.4.6 网络计划技术原理

在工程施工进度控制中，宜利用网络计划技术原理编制进度计划。项目监理人员应根据收集的实际进度信息，比较和分析进度计划，利用网络计划的工期优化，工期与成本优化和资源优化的理论调整计划。

网络计划技术原理是施工项目进度控制完整的计划管理和分析计算理论基础。

1.5 工程进度控制方法与手段

工程施工过程中，监理人员应依据施工合同中所确定的工期目标、经监理工程师确认的施工进度计划及批准的工程延期，采取必要的方法和手段加强对施工进度的控制。

1.5.1 工程进度控制方法

(1)审核、批准。监理工程师应及时审核承包商递交的有关进度技术文件、报表、报告，并予以批准。根据监理的权限，其审核的具体内容有以下几个方面。

①下达开工令，审批“工程开工报审表”。

②审批施工总进度计划,年、季、月进度计划,进度修改调整计划。

③批准工程延期。审批复工报审表、工程延期审批表。

④审批承包单位报送的有关工程进度的报告。

(2)检查、分析和报告。监理工程师应及时检查承包单位报送的进度报表和分析资料;跟踪检查实际形象进度;应经常分析进度偏差的程度、影响面及产生原因,并提出纠偏措施。应定期或不定期地向建设单位报告进度情况并提出防止因建设单位因素而导致工程延误和费用索赔的建议。

(3)组织协调。项目监理应定期或不定期地组织不同层次的协调会。在建设单位、承包单位及其他相关参建单位之间的不同层面解决相应的进度协调问题。

(4)积累资料。监理工程师应及时收集、整理有关工程进度方面的资料,为公正、合理地处理进度拖延、费用索赔及工期奖罚问题提供证据。

1.5.2 工程进度控制手段

(1)下达监理指令。监理工程师应及时发布监理指令,向承包单位指出施工进度发生的偏差、影响程度及其产生原因,提出采取进度调整措施的要求和指示。

(2)采取组织措施。总监理工程师发现承包单位或分包单位或其主要管理人员不称职,不进行调整或撤换将对工程进度造成极大影响时,可向建设单位提出相应的调整或撤换承包单位、分包单位或其主要管理人员的建议。

(3)采取技术措施。监理工程师应督促承包单位尽可能采用先进施工技术、方法和新材料、新工艺、新技术,以保证进度目标的实现。检查施工方案的落实情况,发现问题时,应适时调整工作之间的逻辑关系,加快施工进度。

(4)采取经济制约手段。总监理工师应依据建设工程施工合同中的约定,当工期提前或延期时,签发有关文件,向建设单位建议采取相应的经济制约手段,如停止付款、赔偿延期损失、发放提前竣工奖金等。

2 工程进度计划的编制

在工程施工前,承包人应向监理工程师提供一份科学、合理的工程项目进度计划。项目进度计划是对工程实施过程进行监理的前提,没有进度计划也就谈不上对工程项目的进度监理。

2.1 工程进度计划分类

根据工程项目实施的不同阶段,工程进度计划可划分为总体进度计划和年、季、月度计划;也可根据施工部位不同划分为施工总进度计划,单位工程施工进度计划及分部、分项工程进度计划。对于某些起控制作用的关键工程项目应单独编制工程进度计划。

2.1.1 施工总进度计划

工程施工总进度计划是根据施工方案和工程开展程序,对所有单位工程作业的时间安排。其目的是确定各单位工程及全工地性工程的施工期限及开竣工日期,进而确定施工现场劳动力、材料、成品、半成品、施工机械的需要数量和调配情况,以及现场临时设施的数量、水电供应量和能源、交通需求量。

2.1.2 单位工程进度计划

合理安排单位工程施工进度，是保证在规定工期内完成符合质量要求的工程任务的重要前提。

在既定施工方案的基础上，根据规定的工期和各种资源供应条件，遵循各施工过程的合理施工顺序，对单位工程中的各施工过程作出时间和空间上的安排。项目监理人员应以此为依据，进而确定施工作业所必需的劳动力、施工机具和材料供应计划。

2.1.3 分部分项工程进度计划

在水利水电工程施工中，对某些工程量较大或施工技术比较复杂的分部分项工程，应编制详细的进度计划，以保证单位工程施工进度计划的顺利实施。编制进度计划时，可在依据工程具体情况所制订的施工方案的基础上，对其各施工过程作出时间安排。

此外，为了有效地控制建设工程施工进度，施工单位还应编制年度施工计划、季度施工计划和月（旬）作业计划将施工进度计划逐层细化，形成一个以旬保月、以月保季、以季保年的计划保证体系。

2.2 工程进度计划的内容

2.2.1 施工总进度计划

工程项目的施工总进度计划是用来指导工程全局的，它是各个主要环节的总的进度安排，因此在承包人提交的工程总体进度计划中，应当反映出以下主要内容。

(1)工程项目的合同工期。

(2)完成各单位工程及各施工阶段所需要的工期、最早开始时间和最迟结束时间。

(3)各单位工程及各施工阶段需要完成的工程量及现金流动估算。

(4)各单位工程及各施工阶段所需配备的人力和机械数量。

(5)各单位工程或分部工程的施工方案和施工方法等。

2.2.2 年度进度计划

(1)在年度进度计划中，应反映出本年计划完成的单位工程及施工阶段的工程项目内容、工程数量及投资指标。

(2)施工队伍和主要施工设备的数量及调配顺序，应重点突出组织顺序上的联系，如大型机械的转移顺序、主要施工队伍的转移顺序等。

(3)根据年度、季节气候的不同，合理安排施工进度，标出各项工程的时间安排。

(4)在总体进度计划下对各分项工程进行局部调整或修改的详细说明等。

(5)安排年度计划时，一般工程要受重点工程的制约，配套项目受主体项目的制约，下级计划受上级计划的制约，计划内短期安排受整个计划工期的制约。

2.2.3 月(季)度进度计划

(1)确定月(季)施工任务，列出本月(季)计划完成的分项工程内容及顺序安排。

(2)列出本月(季)计划完成各分项工程的工程数量和投资额。

(3)完成各分项工程的施工队伍及人力和主要设备的配额。

(4)在年度计划下对各单位工程或分项工程进行局部调整或修改的详细说明等。

2.2.4 关键工程进度计划

水利水电工程中起关键作用的工程，简称关键工程。施工前，应单独编制施工进度计划，其内容应反映以下问题：

(1)具体施工方案和施工办法，各施工阶段的人力和设备的配额及运转安排。

(2)总体进度计划及各道工序的控制日期，施工准备及结束清场的时间安排。

(3)现金流动估算，对总体进度计划及其他相关工程的控制、依赖关系和说明等。

2.3 工程进度计划的编制

2.3.1 计划编制原则

监理工程师应对计划编制提出要求，制定必要的规定，明确方法、确定内容，编制切实可行、能符合合同规定又能指导施工的进度计划。

监理工程师要求承包人在编制工程进度计划时，应把握以下原则：必须贯彻合同条件及技术规范，真实、可靠并符合实际，清楚、明了便于管理，表明施工中的全部活动及其他的相关联系，反映施工组织及施工方法，充分使用人力和设备，预料可能的施工障碍及变化。

2.3.2 计划编制依据

实现施工阶段进度控制的首要条件是制订一个符合客观条件的、合理的施工进度计划。编制施工进度计划时，应依据以下各方面资料：

(1)经过规划设计等有关部门和有关市政配套审批、协调的文件。

(2)有关的设计文件和图纸。

(3)建设工程施工合同中规定的开、竣工日期。

(4)有关的概算文件、劳动定额等。

(5)施工组织设计和主要分项、分部工程的施工方案。

(6)工程施工现场的条件。

(7)材料、半成品的加工和供应能力。

(8)机械设备的性能、数量和运输能力。

(9)施工管理人员和施工工人的数量与能力水平等。

2.3.3 计划编制步骤

工程施工进度计划编制前，应对编制的依据和应考虑的因素进行综合研究。其编制步骤如下：

(1)划分施工过程。编制进度计划时，应按照设计图纸、文件和施工顺序把拟建工程的各个施工过程列出，并结合具体的施工方法、施工条件、劳动组织等因素，加以适当整理。

(2)确定施工顺序。在确定施工顺序时，要考虑：①各种施工工艺的要求；②各种施工方法和施工机械的要求；③施工组织合理的要求；④确保工程质量的要求；⑤工程所在地区的气候特点和条件；⑥确保安全生产的要求。

(3)计算工程量。工程量计算应根据施工图纸和工程量计算规则进行。

(4)确定劳动力用量和机械台班数量。应根据各分项工程、分部工程的工程量、施工方法和相应的定额，并参考施工单位的实际情况和水平，计算各分项工程、分部工程所需的劳动力用量和机械台班数量。

(5)确定各分项工程、分部工程的施工天数，并安排进度。当有特殊要求时，可根据工期要求,倒排进度;同时在施工技术和施工组织上采取相应的措施,如在可能的情况下,组织立体交叉施工、水平流水施工,增加工作班次,提高混凝土早期强度等。

(6)施工进度图表。施工进度图表是施工项目在时间和空间上的组织形式。目前,表达施工进度计划的常用方法有网络图和流水施工水平图(又称横道图)。

(7)进度计划的优化。进度计划初稿编制以后,需再次检查各分部工程、分项工程的施工时间和施工顺序安排是否合理,总工期是否满足合同规定的要求,劳动力、材料、施工机械设备需用量是否出现不均衡的现象,主要施工机械设备是否充分利用。经过检查,对不符合要求的部分予以改正和优化。

2.3.4 进度计划编制方法

2.3.4.1 横道图法

横道图又称甘特图,是美国人甘特(Henry L Gantt)于1917年提出的。由于其简单、明了、直观、易于编制和理解,因而长期以来被广泛应用于建设工程的进度计划的编制。图3-1所示即为用横道图表示的某混凝土基础工程的施工进度计划。

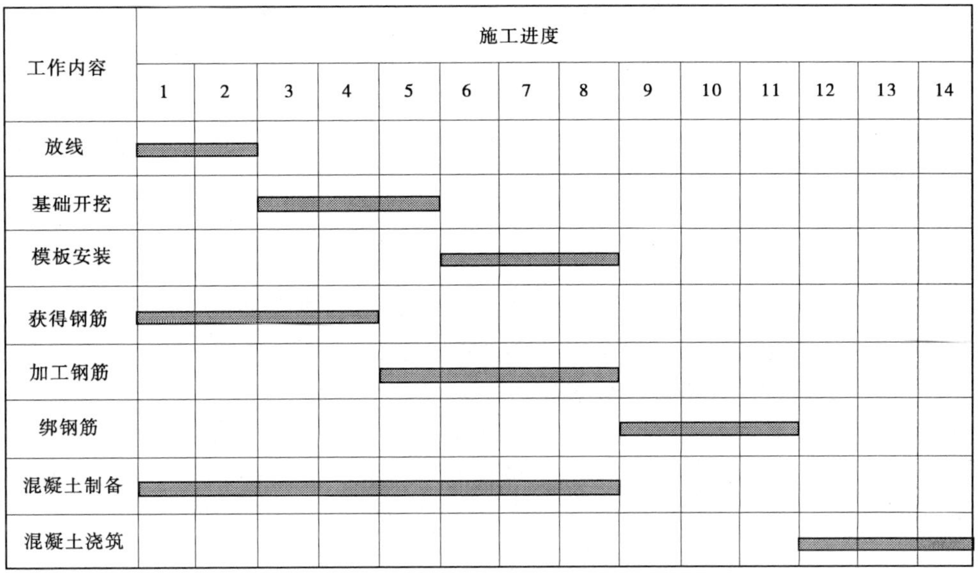

图3-1 混凝土基础工程的施工进度计划

横道图是以时间为横坐标,以各分项工程或施工工序为纵坐标,按一定的先后施工顺序和工艺流程,用带时间比例的水平横道线表示对应项目或工序持续时间的施工进度计划图表。

利用横道图法编制工程进度计划的步骤可归结如下:

(1)划分工程项目,根据需要把工程划分成单位工程、分部分项工程或者直到具体的工作(序),并按照各个项目实施的先后顺序列入图表的竖向栏目中。

(2)逐项计算各个项目的工程数量、劳动量或作业量。

(3)将能够利用的工期,即指令工期或合同工期,根据情况按年、月、日表示在横轴上。

(4)计算出完成各单位工程,分部分项工程或具体工作(序)所需要的持续时间。

(5)在指令工期或合同工期内全部工程能够完成时,按照计算所得的各个项目的持续时间,在横轴上按比例逐一用横道线绘出。

如果按计算所得各个项目的持续时间安排将要超出指令工期或合同工期,则应对各个项目的持续时间分别给予必要的压缩,可通过增加劳动人数、机械台班数,或改变施工组织方法来实现压缩。

2.3.4.2 进度曲线法

工程进度曲线又称S曲线,它是以工期为横轴,以累计完成的工程费用的百分比或累计完成的工程量的百分比为纵轴的图表化曲线。编制工程进度计划时,应按下列步骤进行:

(1)首先编制出横道式工程进度计划。

(2)在横道图的右侧竖向栏目中增加各个工程项目或工作(序)累计完成百分比的竖坐标。

(3)以工期为横轴。分别绘制各个项目或工作(序)的进度曲线。为了简化起见,各个项目或工作(序)的进度曲线可采用直线,即假设每日完成的工程费用相等。

(4)横轴以每月划分为一段(或以每5%~10%为一段),将各月(或各5%~10%)的各个项目或工作(序)完成的工程费累计起来,连接每个时段的数位就可得出整个工程的计划进度曲线。

2.3.4.3 形象进度图

形象进度图是把工程计划以建筑物形象进度来表达的一种控制方法。这种方法是直接将工程项目进度目标和控制工程,标注在工程形象图的相应部位,故其非常直观,进度计划一目了然,它特别适用于施工阶段的进度控制。此法修改调整计划亦极为简便,只需修改日期、进程,而形象图像依然保持不变。

图3-2为国内某水库碾压混凝土坝工程××年形象进度计划,该坝沿坝长范围共划分为65个坝段,在年度施工期内,各坝段施工进度计划,更形象而直观地表示在图中。

2.3.4.4 网络进度计划法

网络进度计划是在横道图计划基础上改进而提出来的。

网络计划能够准确表示工作之间的逻辑关系,明确给出控制工期的关键工作并确定出非关键工作机动时间的大小。在计划实施中可以准确判断出工作进度提前或拖延对工程工期及后续工作的影响。

网络计划的形式很多,如双代号网络图、单代号网络图、搭接网络图等,研究领域也很宽,如关键路线法、计划评审技术、决策关键路线法、随机网络计划等。

A.双代号网络图

双代号网络图是以箭线及其两端的节点编号表示工作的网络图,工作的名称(或字母)标在箭线的上方,完成该工作所需的持续时间标在箭线的下方,如图3-3(a)所示。表3-2所示的混凝土基础工程的进度计划网络图,如图3-3(b)所示。

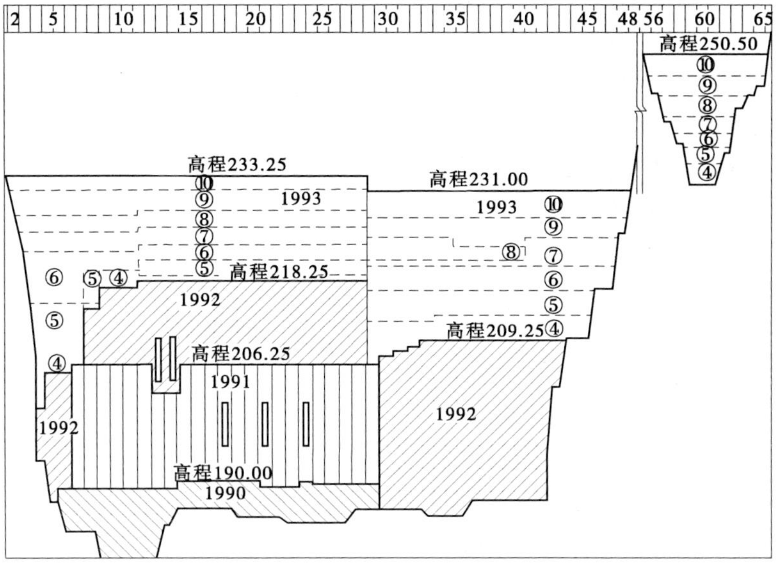

图 3-2 国内某水库碾压混凝土坝工程 × × 年形象进度计划

表 3-2 混凝土基础工程工作项目

工作项目	基础放线	开挖基础	模板安装	获得钢筋	钢筋加工	钢筋架立	混凝土制备	混凝土浇筑
字母代号	*A*	*B*	*C*	*E*	*F*	*G*	*H*	*D*
工作持续时间(d)	5	10	5	4	6	3	8	6

下面以图 3-3(b)为例说明网络图的几个基本概念。

(1)工作。

计划任务是按需要粗细程度划分而成的、消耗时间或同时也消耗资源的一个子项目或子任务。在双代号网络图中,每一箭线应表示一项工作。箭线一般画成直线,也可画成折线或曲线,但是不得中断。在无时间坐标的网络图中,直线的长度可以是任意的,与工作持续时间无关。

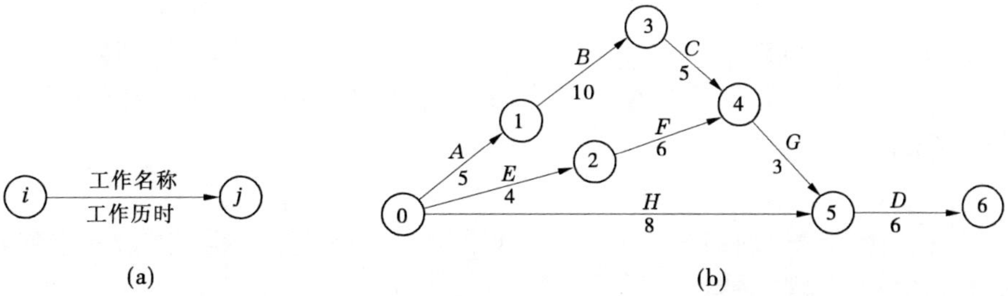

图 3-3 混凝土基础工程的进度计划网络图

在实际施工中,有两类工作:一类是既需要消耗时间又需要消耗资源的工作。例如

"开挖"这项工作,既需要有一定的时间才能完成,还需要有人力、挖掘设备等资源。这类工作在实际生活中是大量存在的。另一类是只需要消耗时间而不需要消耗资源的工作。例如,建筑施工中的"抹灰干燥""混凝土浇筑后的养护""油漆干燥"等工作,都是由于技术原因引起的某种停歇或等待,只消耗时间而不消耗人力或物力。

在双代号网络图中,除上述两类工作外,还有另一类工作,只表示前后相邻工作之间的逻辑关系,既不占用时间,也不消耗资源的虚拟工作,我们称这种工作为虚工作。用节点和虚箭线表示。虚工作在实际施工中并不存在,但在双代号网络图中却是必不可少的。

(2)节点。

网络图中箭线端部的圆圈或其他形状的封闭图形称为节点。在双代号网络图中,节点表示工作之间的逻辑关系。箭线的箭尾节点表示该工作的开始,箭线的箭头节点表示该工作的结束。一般工作也可以用其前后两个节点号来表示,如工作 B 可以表示为工作①—③(见图 3-3(b))。

节点只是一个"瞬间",它既不消耗时间,也不消耗资源。

在网络图中,对一个节点来说,可能有许多箭线指向该节点,这些箭线就称为"内向工作"(或内向箭线),如图 3-4(a)所示;同样也可能有许多箭线由同一节点出发,这些箭线就称为"外向工作"(或外向箭线),如图 3-4(b)所示。

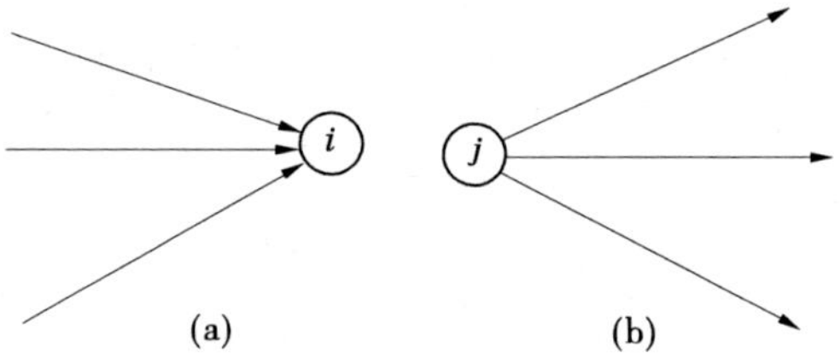

图 3-4　节点图例

网络图中第一个节点叫起点节点,它表示一项任务的开始。起点节点只有外向工作,没有内向工作,如图 3-3(b)中的节点⓪。网络图中最后一个节点叫终点节点,它表示一项任务的完成。终点节点只有内向工作,没有外向工作,如图 3-3(b)中的节点⑥。网络图中的其他节点称为中间节点,它意味着前项工作的结束和后项工作的开始。

双代号网络图中节点的重要特性在于它的瞬间性,它只表示工作开始或结束的瞬间,本身不占用时间。一个节点的实现时刻,就是以该节点为结束节点的所有工作结束的时刻,也是以该节点为开始节点的所有工作可以开始的时刻。节点的这个特性,使节点具有控制工程进度的作用。人们常把网络中重要的节点作为"路标"或称"管理点",进行重点监督,严格控制。

(3)线路。

线路,又称为路线。网络图中从起点节点开始,沿箭头方向顺序通过一系列箭线与节点,最后到达终点节点的通路。

线路上各工作的延续时间之和,称为该线路的长度。自始至终全部由关键工作组成的线路或线路上总的工作持续时间最长的线路,称为关键线路。关键线路可能仅有一条,也可能不止一条。关键线路上的工作称为关键工作,它们完成的快慢直接影响整个工程的工期。短于关键线路的任何线路都称为非关键线路。在非关键线路中,仅比关键线路短的线路叫次关键线路。

例如,在图3-3(b)中,共有3条线路,其中最长的线路就是关键线路,其组成为⓪—①—③—④—⑤—⑥,这条线路的长度为29 d。次关键线路的长度为19 d,其组成为⓪—②—④—⑤—⑥。

关键线路又称紧急线或主要矛盾线。在网络图中,关键线路常用双线或粗线或彩色线表示,以突出其重要性。

(4)网络逻辑。

网络逻辑即网络的逻辑关系,是指工作之间相互制约或依赖的关系。包括工艺关系和组织关系。工艺关系是指生产工艺客观存在的先后顺序。例如,先做基础,后做主体。这些顺序是不能随意改变的。组织关系是指在不违反工艺关系的前提下,人为安排的工作的先后顺序。例如,建筑群中各个建筑物的开工顺序的先后,这些顺序可以根据具体情况,按安全、经济和高效的原则统筹安排。无论工艺关系还是组织关系,在网络中均表现为工作进行的先后顺序。

一个工程包括很多工作,工作间的逻辑关系非常复杂,为了用简单、准确的方法把这种逻辑关系表达出来,便于网络图的绘制,引入了紧前工作和紧后工作。现仍以图3-3(b)中工作 *C* 为例介绍这两个概念。

①紧前工作。紧排在本工作之前的工作,称该工作的紧前工作。

就工作 *C*(模板安装)而言,只有工作 *B*(开挖)结束后工作 *C* 才能开始,且工作 *B*、*C* 之间没有其他工作,则工作 *B* 称为工作 *C* 的紧前工作。

紧前工作区别于间接前工作。虽然工作 *A*(基础放线)结束后工作 *C* 才能开始,但中间要经过工作 *B*,所以工作 *A* 不是工作 *C* 的紧前工作,它是工作 *C* 的间接前工作。

②紧后工作。紧后工作与紧前工作这一概念是相对应的,紧排在本工作之后的工作,称该工作的紧后工作。上述工作 *B* 是工作 *C* 的紧前工作,也可以说工作 *C* 是工作 *B* 的紧后工作;工作 *A* 是工作 *C* 的间接前工作,也可以说工作 *C* 是工作 *A* 的间接后工作。

从图3-3中可以看到,一项工作的紧前工作或紧后工作可能不只一项,如工作 *G* 的紧前工作就有工作 *C*、工作 *F*。我们只要将每项工作的紧前工作(或紧后工作)全部给出,整个工程的工作间的逻辑关系就明确了。现将图3-3所示的混凝土基础工程的工作间的逻辑关系用表3-3表示。实际工作中,只用"紧前"或"紧后"一种关系也就可以了。

表3-3 混凝土基础工程工作间逻辑关系

工作项目	代号	紧前工作	紧后工作	工作项目	代号	紧前工作	紧后工作
基础放线	*A*	—	*B*	获得钢筋	*E*	—	*F*
开挖基础	*B*	*A*	*C*	钢筋加工	*F*	*E*	*G*
模板安装	*C*	*B*	*G*	钢筋架立	*G*	*C*、*F*	*D*
混凝土浇筑	*D*	*G*、*H*	—	混凝土制备	*H*	—	*D*

B. 单代号网络图

单代号网络图是以节点及其编号表示工作，以箭线表示工作之间逻辑关系的网络图。单代号网络图中工作的表示方法如图 3-5 所示。图 3-1 所示的混凝土基础工程的施工进度计划单代号网络图表示如图 3-6 所示。

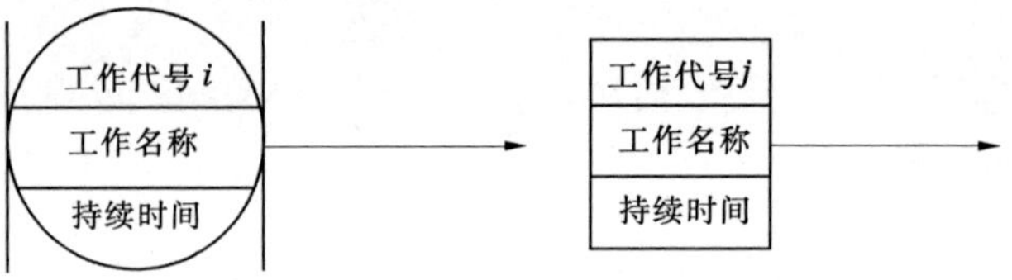

图 3-5　单代号网络图工作图例

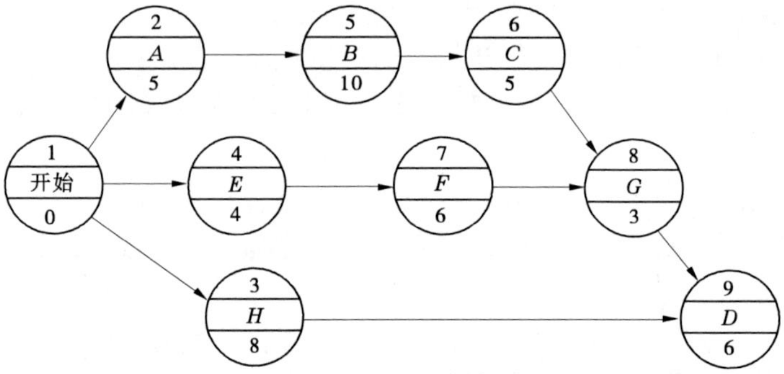

图 3-6　单代号网络图

在单代号网络图中，节点仍须编号。一个节点表示一项工作，只用一个数码，因此叫“单代号”。

2.4　工程进度计划的审批

2.4.1　工程进度计划的提交

(1) 在签订合同后规定的时间内，监理工程师应要求承包人书面提交以下文件：

①一份详细和格式符合要求的工程总体进度计划及必要的各项关键工程的进度计划。

②一份有关全部支付的现金流动估算。

③一份有关施工方案和施工方法的总说明（即通过施工组织设计提出）。

(2) 在将要开工以前或在开工以后合理的时间内，监理工程师应要求承包人提交以下文件：

①年度进度计划及现金流动估算。

②月（季）度进度计划及现金流动估算。

③分项（或分部）工程的进度计划。

2.4.2　工程进度计划的审查

2.4.2.1　审查步骤

监理工程师应组织有关人员对承包人提交的各项进度计划进行审查，并在合同规定或满足施工需要的合理时间内审查完毕。审查工作应按以下程序进行：

(1) 阅读文件、列出问题、进行调查了解。

(2)提出问题与承包人进行讨论或澄清。

(3)对有问题的部分进行分析,向承包人提出修改意见。

(4)审查批准承包人修改后的进度计划。

2.4.2.2 审查工期和时间安排的合理性

(1)施工总工期的安排应符合合同工期。

(2)各施工阶段或单位工程(包括分部、分项工程)的施工顺序和时间安排与材料及设备的进场计划相协调。

(3)易受冰冻、低温、炎热、雨季等气候影响的工程应安排在适宜的时间,并应采取有效的预防和保护措施。

(4)对动员、清场、假日及天气影响的时间,应有充分的考虑并留有余地。

2.4.2.3 审查施工准备的可靠性

(1)所需主要材料和设备的运送日期已有保证。

(2)主要骨干人员及施工队伍的进场日期已经落实。

(3)施工测量、材料检查及标准试验的工作已经安排。

(4)驻地建设、进场道路及供电、供水等已经解决或已有可靠的解决方案。

2.4.2.4 审查进度计划目标与施工能力的适应性

(1)各阶段或单位工程计划完成的工程量及投资额应与承包人的设备和人力实际状况相适应。

(2)各项施工方案和施工方法应与承包人的施工经验和技术水平相适应。

(3)关键线路上的施工力量安排应与非关键线路上的施工力量安排相适应。

3 工程进度计划的实施

3.1 工程进度控制目标

工程进度控制目标是依据工程施工总进度计划确定的。确定工程进度控制总目标后,即可将施工进度控制总目标进行层层分解,形成实施进度控制、相互制约的目标体系。

施工进度目标是从总的方面对项目建设提出的工期要求。但在施工活动中,是通过对最基础的分部分项工程的施工进度控制来保证各单项(位)工程或阶段工程进度控制目标的完成,进而实现施工进度控制总目标的。因而需要将总进度目标进行一系列的从总体到细部、从高层次到基础层次的层层分解,一直分解到在施工现场可以直接调度控制的分部分项工程或作业过程的施工为止。在分解中,每一层次的进度控制目标都限定了下一级层次的进度控制目标,而较低层次的进度控制目标又是较高一级层次进度控制目标得以实现的保证,于是就形成了一个自上而下层层约束,由下而上级级保证,上下一致的多层次的进度控制目标体系,如可以按单位工程或分包单位分解为交工分目标,按承包的专业或施工阶段分解为完工目标,按年、季、月计划期分解为时间目标等,其结构框架如图3-7所示。

3.2 工程进度控制程序

(1)项目经理部要根据施工合同的要求确定施工进度目标,明确计划开工日期、计划总工期和计划竣工日期,确定项目分期分批的开、竣工日期。

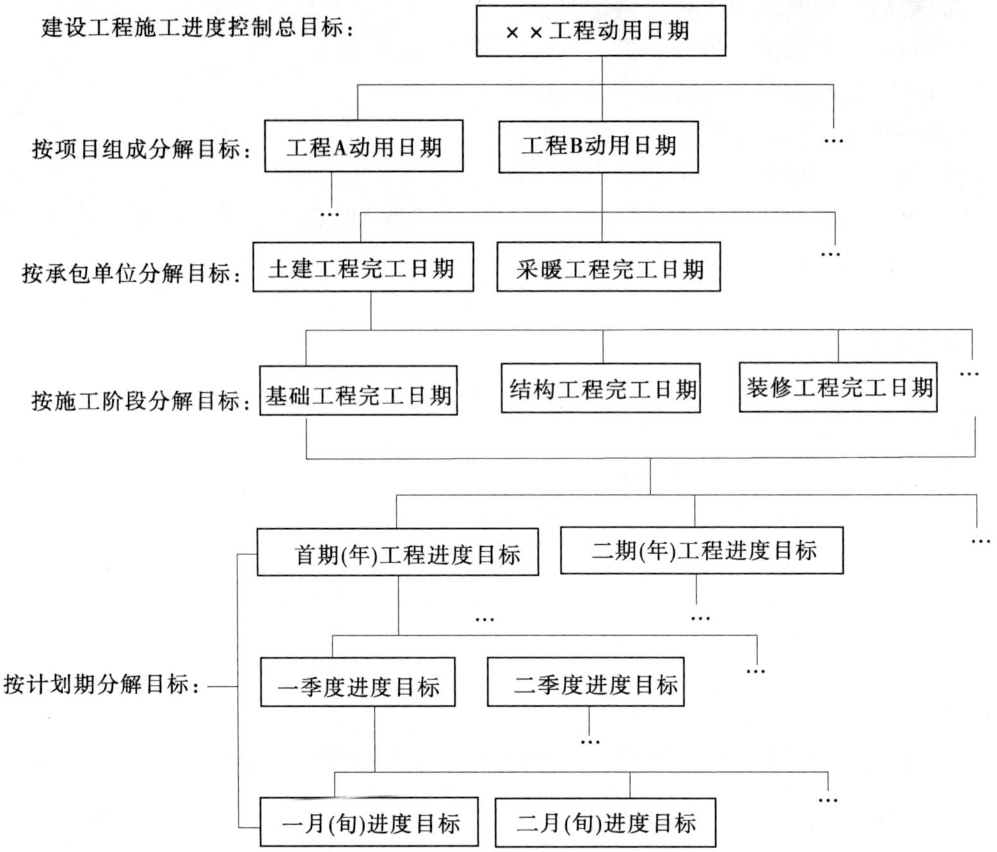

图3-7　建设工程施工进度目标分解

(2)编制施工进度计划,具体安排实现计划目标的工艺关系、组织关系、搭接关系、起止时间、劳动力计划、材料计划、机械计划及其他保证性计划。分包人负责根据项目施工进度计划编制分包工程施工进度计划。

(3)向监理工程师提出开工申请报告,按监理工程师开工令确定的日期开工。

(4)实施施工进度计划。项目经理应通过施工部署、组织协调、生产调度和指挥、改善施工程序的方法和决策等,应用技术、经济和管理手段实现有效的进度控制。项目经理部首先要建立进度实施、控制的科学组织系统和严密的工作制度,然后依据施工进度控制目标体系,对施工的全过程进行系统控制。正常情况下,进度实施系统应发挥监测、分析职能并循环运行,即随着施工活动的进行,信息管理系统会不断地将施工实际进度信息,按信息流动程序反馈给进度控制者,经过统计整理,比较分析后,确认进度无偏差,则系统继续运行,一旦发现实际进度与计划进度有偏差,系统将发挥调控职能,分析偏差产生的原因,以及对后续施工和总工期的影响。必要时,可对原计划进度作出相应的调整,提出纠正偏差方案和实施的技术、经济、合同保证措施,以及取得相关单位支持与配合的协调措施,确认切实可行后,将调整后的新进度计划输入到进度实施系统,施工活动继续在新的控制下运行。当新的偏差出现后,再重复上述过程,直到施工全部完成。进度控制系统也可以处理由于合同变更而需要进行的进度调整。

(5)全部任务完成后,进行进度控制总结并编写进度控制报告。

工程项目施工进度控制流程如图3-8所示。

3.3 工程施工进度控制的内容

监理工程师对工程项目的施工进度控制从审核承包单位提交的施工进度计划开始,直至工程项目保修期满。施工阶段进度控制的主要内容包括施工前、施工过程中和施工完成后的进度控制。

3.3.1 施工前进度控制

3.3.1.1 编制进度控制方案

工程施工阶段进度控制方案是监理工作计划在内容上的进一步深化和补充,它是针对具体的施工项目编制的,是施工阶段监理人员实施进度控制的更详细的指导性技术文件,是以监理工作计划中有关进度控制的总部署为基础而编制的,应包括以下内容:

(1)施工阶段进度控制目标分解图。

(2)施工阶段进度控制的主要工作内容和深度。

(3)监理人员对进度控制的职责分工。

(4)进度控制工作流程。

(5)有关各项工作的时间安排。

(6)进度控制的方法(包括进度检查周期、数据收集方式、进度报表格式、统计分析方法等)。

(7)实现施工进度控制目标的风险分析。

(8)进度控制的具体措施(包括组织措施、技术措施、经济措施及合同措施等)。

(9)尚待解决的有关问题等。

3.3.1.2 编制或审核施工进度计划

(1)对于大型工程项目,由于单项工程较多、施工工期长,如果采取分期分批发包又没有一个负责全部工程的总承包单位,监理工程师就要负责编制施工总进度计划。

(2)当工程项目由若干个承包单位平行承包时,监理工程师也有必要编制施工总进度计划。

(3)当工程项目有总承包单位时,监理工程师只需对总承包单位提交的施工总进度计划进行审核即可。而对于单位工程施工进度计划,监理工程师只负责审核而不负责编制。

(4)工程施工总进度计划应确定分期分批的项目组成;各批工程项目的开工、竣工顺序及时间安排;全场性准备工程,特别是首批准备工程的内容与进度安排等。

(5)项目监理工程师审核施工进度计划时,重点审核以下内容。

①进度安排是否满足合同工期的要求和规定的开竣工日期。

②项目的划分是否合理,有无重复项或漏项。

③项目总进度计划是否与施工进度分目标的要求一致,该进度计划是否与其他施工进度计划协调。

④施工顺序的安排是否符合逻辑,是否满足分期投产使用的要求,是否符合施工程序的要求。

⑤是否考虑了气候对进度计划的影响。

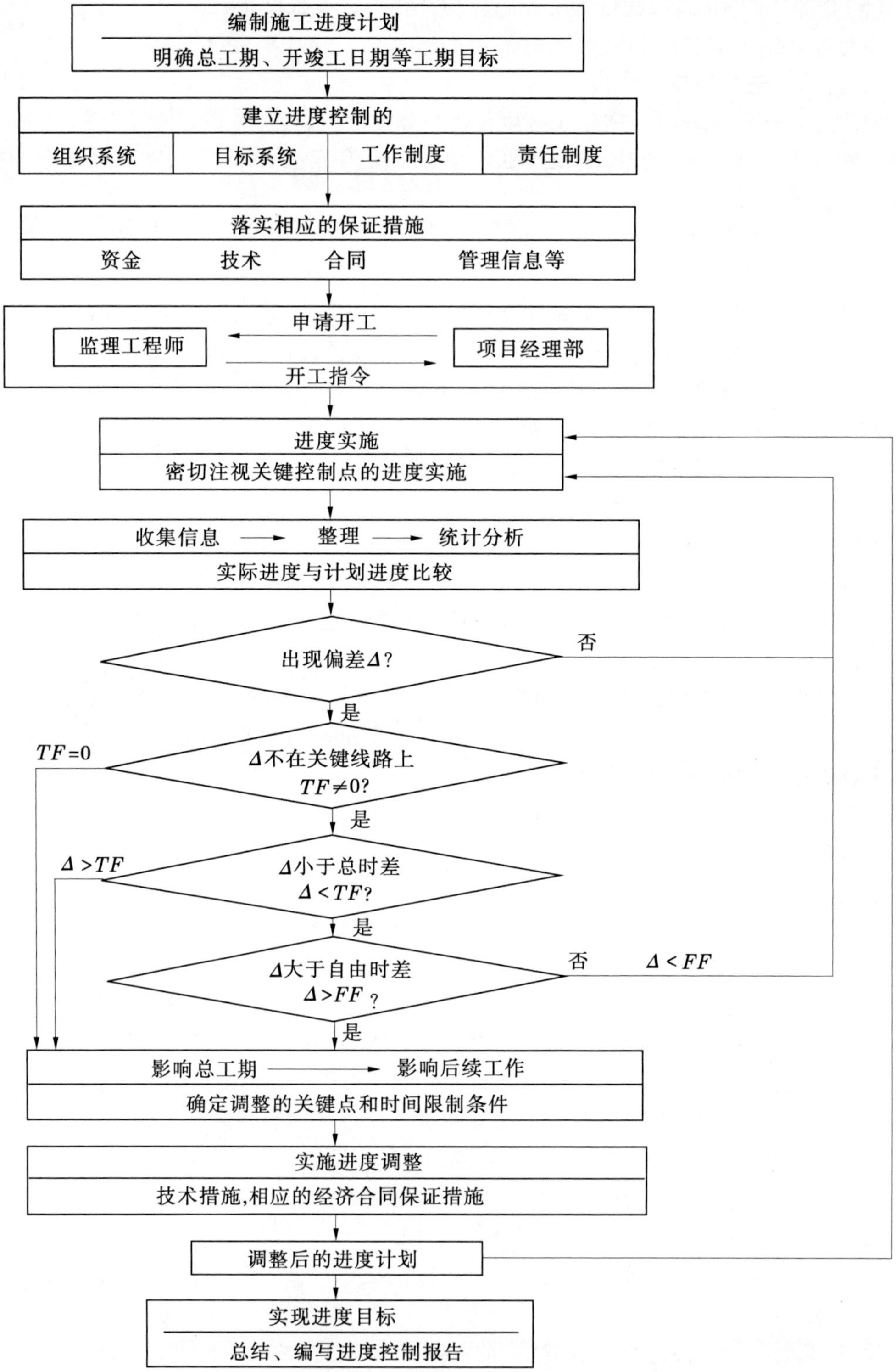

图 3-8　施工进度控制流程

⑥材料物资供应是否满足均衡性和连续性的要求。

⑦劳动力、机具设备的计划是否能确保施工年度分目标和总进度计划的实现。

⑧施工组织设计的合理性、全面性和可行性如何;应防止施工单位利用进度计划的安排造成建设单位的违约,索赔事件的发生。

⑨建设单位提供资金的能力是否与进度安排一致。

⑩施工工艺是否符合施工规范和质量标准的要求。

⑪进度计划应留有适量的余地,如应留有质量检查、整改、验收的时间,应当在工序与工序之间留有适量空隙、机械设备试运转和检修的时间等。

(6)监理工程师在审查过程中发现问题,应及时向施工单位提出,并协助施工单位修改进度计划;对一些不影响合同规定的非关键控制工作的进度目标,允许有较灵活的安排。

需说明的是,施工进度计划的编制和实施,是施工单位的基本义务。将进度计划提交监理工程师审核、批准,并不解除施工单位对进度计划在合同中所承担的任何责任和义务。同样,监理工程师审查进度计划时,也不应过多地干预施工单位的安排,或支配施工中所需的材料、机械设备和劳动力等。

3.3.1.3 编制工程综合计划

监理工程师应按年、季、月编制工程综合计划。在按计划期编制的进度计划中,监理工程师应着重解决各承包单位施工进度计划之间、施工进度计划与资源保障计划之间及外部协作条件的延伸性、计划之间的综合平衡与相互衔接问题,并根据上期计划的完成情况对本期计划作必要的调整,以作为承包单位近期执行的指令性计划。

3.3.1.4 下达工程开工令

监理工程师应根据承包单位和项目法人双方关于工程开工的准备情况,以及合同约定,选择合适的时机发布工程开工令。工程开工令的发布,要尽可能及时,因为从发布工程开工令之日算起,加上合同工期后即为工程竣工日期。如果工程开工令发布拖延就等于推迟了竣工时间,甚至可能引起承包单位的索赔。

为了检查双方的准备情况,在一般情况下应由监理工程师组织召开有项目法人和承包单位参加的第一次工地会议。项目法人应按照合同规定,做好征地拆迁工作,及时提供施工用地;同时还应当完成法律及财务方面的手续,以便能及时向承包单位支付工程预付款。承包单位应当将开工所需要的人力、材料及设备准备好,同时还要按合同规定为监理工程师提供各种条件。

3.3.2 施工过程中进度控制

监理工程师监督进度计划的实施是项经常性的工作。以被确认的进度计划为依据,在项目施工过程中进行进度控制,是施工进度计划能否付诸实现的关键过程。一旦发现实际进度与目标偏离,即应采取措施,纠正这种偏差。

(1)经常深入现场、了解情况、协调有关方面的关系、解决工程中的各种冲突和矛盾,以保证进度计划的顺利实施。

(2)协助施工单位实施进度计划,随时注意进度计划的关键控制点,了解进度计划实施的动态,监理工程师要随时了解施工进度计划执行过程中所存在的问题,并帮助承包单位予以解决,特别是承包单位无力解决的内外关系协调问题。

(3)及时检查和审核施工单位提交的月度进度统计分析资料和报表。

(4)严格进行进度检查。要了解施工进度的实际状况，避免施工单位谎报工作量的情况，为进度分析提供可靠的数据资料。这是工程项目施工阶段进度控制的经常性工作。监理工程师不仅要及时检查承包单位报送的施工进度报表和分析资料，同时还要进行必要的现场实地检查，核实所报送的已完项目时间及工程量，杜绝虚报现象。

(5)做好监理进度记录。

(6)对收集的有关进度数据进行整理和统计，将计划进度与实际进度进行比较，并跟踪监理，从中发现进度是否出现或可能出现偏差。

(7)分析进度偏差给总进度带来的影响，并进行工程进度的预测，从而提出可行的修正措施。

(8)当计划严重拖后时，应要求施工单位及时修改原计划，并重新提交监理工程师确认。计划的重新确认，并不意味着工程延期的批准，而仅仅是要求施工单位在合理的状态下安排施工。监理工程师应监督按调整的计划实施。

(9)通过周报或月报，向建设单位汇报工程实际进展情况，并提供进度报告。

(10)定期召开会议。监理工程师应每月、每周定期组织召开不同层级的现场协调会议，以解决工程施工过程中的相互协调配合问题。在平行、交叉施工单位多、工序交接频繁且工期紧迫的情况下，现场协调会甚至需要每日召开。在会上通报和检查当天的工程进度，确定薄弱环节，部署当天的赶工任务，以便为次日正常施工创造条件。

(11)监理工程师应对承包单位申报的已完分项工程量进行核实，在其质量通过检查验收后签发工程进度款支付凭证。

3.3.3 施工完成后进度控制

(1)施工完成后，应及时组织工程的验收工作。

(2)如发生工期索赔事件，应及时进行处理。

(3)及时整理工程进度资料，为建设单位提供信息，处理合同纠纷，积累原始资料。工程进度资料应归类、编目、存档，以便在工程竣工后，归入竣工档案备查。

(4)根据实际施工进度，及时修改和调整验收阶段进度计划和监理工作计划，以保证下一阶段工作的顺利开展。

4 工程进度检查与调整

在施工进度计划的实施过程中，由于各种因素的影响，常常会打乱原始计划的安排而出现进度偏差。因此，监理工程师必须定期地、经常地对施工进度计划的执行情况进行检查，并分析进度偏差产生的原因，以便为施工进度计划的调整提供必要的信息。

4.1 工程施工进度检查

4.1.1 检查内容

监理工程师应要求承包人按单位工程、分部工程或工序对实际进度进行记录，并予以检查，以作为掌握工程进度和进行决策的依据。

为更好地掌握工程进度，监理工程师每天都必须检查承包人报送的工程进度检查记录。每日进度检查记录应包括:实际完成及累计完成的工程量,实际参加施工的人力、机械数量及生产效率,施工停滞的人力、机械数量及其原因,承包人的主管及技术人员到达现场的情况,发生的影响工程进度的特殊事件或原因以及当日的天气情况等。

此外,监理工程师还应注意检查工作时间的执行情况、资源使用及与进度的互配情况、上次检查提出问题的处理情况等问题。

4.1.2 检查方式

4.1.2.1 收集进度报表

工程施工进度报表资料不仅是对工程项目实施进度控制的依据,同时也是核对工程进度的依据。监理单位应定期地、经常地收集由承包单位提交的有关进度报表资料。

一般情况下,进度报表格式由监理单位提供给施工承包单位,施工承包单位按时填写完后提交给监理工程师核查。报表的内容一般应包括工作的开始时间、完成时间、持续时间、逻辑关系、实物工程量和形象进度,以及工作时差的利用情况等。

4.1.2.2 现场跟踪检查

为了避免施工承包单位超报已完工程量,驻地监理人员有必要进行现场实地检查和监督,至于每隔多长时间检查一次,应视建设工程的类型、规模、监理范围及施工现场的条件等多方面的因素而定。可以每月或每半月检查一次,也可每旬或每周检查一次。如果在某一施工阶段出现不利情况,甚至需要每天检查。

除上述两种方式外,由监理工程师定期组织现场施工负责人召开现场会议,也是获得工程项目实际进展情况的一种方式。

4.1.3 检查方法

工程施工进度检查的方法是比较法。常用的比较法有横道图比较法、S形曲线比较法、香蕉形曲线比较法、前锋线和列表比较法。

4.1.3.1 横道图比较法

用横道图编制施工进度计划、指导施工、用横道图比较法进行实际与计划进度比较已是人们常用的、很熟悉的方法。它简明形象和直观,编制方法简单,使用方便。

横道图比较法是指将项目实施过程中检查实际进度收集到的数据,经加工整理后直接用横道线平行绘于原计划的横道线处,进行实际进度与计划进度的比较方法。采用横道图比较法,可以形象、直观地反映实际进度与计划进度的比较情况。

例如,某工程的计划进度与截止到第10天的实际进度如图3-9所示。从图中可以看出,在第10天检查时,A工程按期完成计划;B工程进度滞后2 d;C工程因早开工1 d,实际进度提前了1 d。

4.1.3.2 S形曲线比较法

它是以横坐标表示进度时间,纵坐标表示累计完成任务量,而绘制出一条按计划时间累计完成任务量的S形曲线,将施工项目的各检查时间实际完成的任务量与S形曲线进行实际进度与计划进度相比较的一种方法。

利用S形曲线进行实际进度与计划进度比较时,同横道图一样,是在图上直观地绘出工程实际进度和计划进度曲线。一般情况下,在计划实施前,进度控制人员先在图上绘制出计划S形曲线,在项目实施过程中,按规定时间将检查的实际完成任务情况绘制在与计

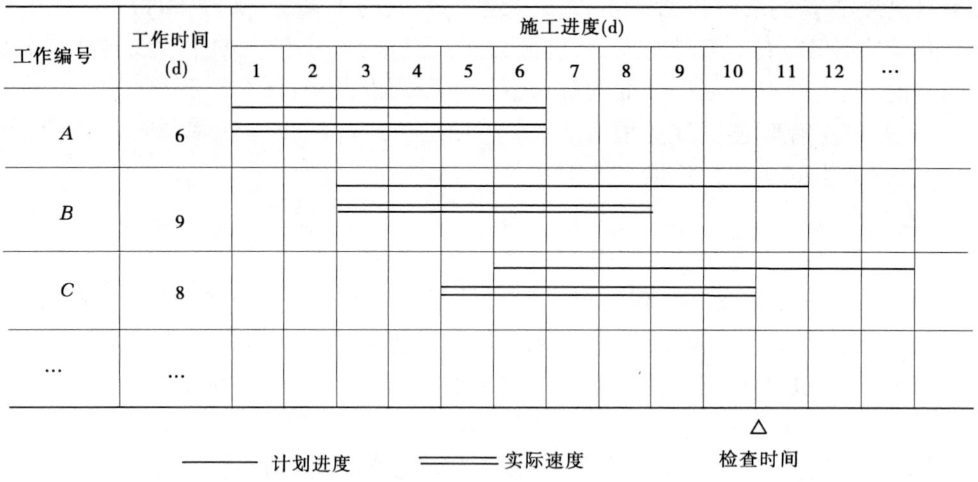

图 3-9　某工程实际进度与计划进度比较图

划 S 形曲线同一张图上，即可得出实际进度 S 形曲线，如图 3-10 所示。

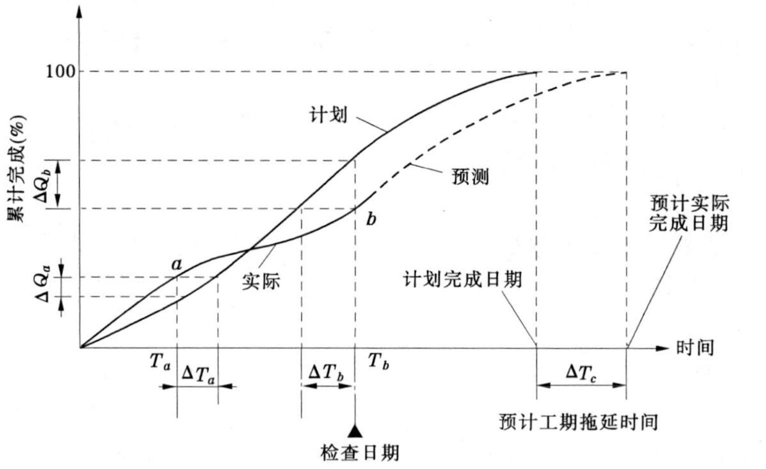

图 3-10　S 形曲线比较图

比较两条 S 形曲线即可得到工程项目的实际进展状况，实际进度超前或拖后的时间以及后期工程进度预测等情况。

ΔT_a 表示 T_a 时刻实际进度超前的时间，ΔT_b 表示 T_b 时刻实际进度拖后的时间。

4.1.3.3　香蕉形曲线比较法

香蕉形曲线是两条 S 形曲线组合成的闭合图形。如前所述，工程项目的计划时间和累计完成任务量之间的关系都可用一条 S 形曲线表示。在工程项目的网络计划中，各项工作一般可分为最早开始时间和最迟开始时间，于是根据各项工作的计划最早开始时间安排进度，就可绘制出一条 S 形曲线，称为 *ES* 曲线；而根据各项工作的计划最迟开始时间安排进度，绘制出的 S 形曲线，称为 *LS* 曲线。这两条曲线都是起始于计划开始时刻，终止于计划完成之时，因而图形是闭合的。一般情况下，在其余时刻，*ES* 曲线上各点均应在

LS 曲线的左侧,其图形如图 3-11 所示,形似香蕉,因而得名。

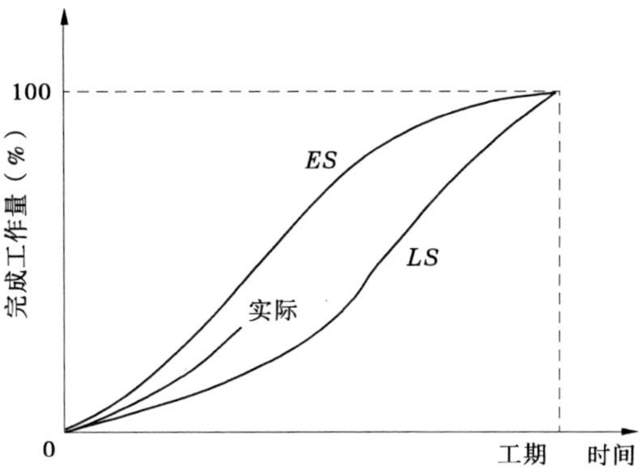

图 3-11　香蕉形曲线比较图

4.1.3.4　前锋线比较法

前锋线比较法主要适用于时标网络计划。其主要方法是从检查时刻的时标点出发,首先连接与其相邻的工作箭线的实际进度点,由此再去连接该箭线相邻工作箭线的实际进度点,依此类推,将检查时刻正在进行工作的点都依次连接起来,组成一条一般为折线的前锋线。按前锋线与箭线交点的位置判定工程实际进度与计划进度的偏差。简而言之,前锋线法就是通过工程项目实际进度前锋线,比较工程实际进度与计划进度偏差的方法。

4.1.3.5　列表比较法

当工程进度计划用非时标网络图表示时,可以采用列表比较法进行实际进度与计划进度的比较。这种方法是记录检查日期应该进行的工作名称及其已经作业的时间,然后列表计算有关时间参数,并根据工作总时差进行实际进度与计划进度比较的方法。

4.1.4　编制工程进度报告

监理工程师应要求承包人根据现场提供的每日施工进度记录,及时进行统计和标记,并通过分析和整理,每月向总监理工程师及其代表和项目法人提交一份每月工程进度报告。它应包括以下主要内容。

(1)概况或总说明:应以记事方式对计划进度执行情况提出分析。

(2)工程进度:应以工程量清单所列细目为单位,编制出工程进度累计曲线和完成投资额的进度累计曲线。

(3)工程图片:应显示关键线路上(或主要工程项目上)一些施工活动及进展情况。

(4)财务状况:应主要反映承包人的现金流动、工程变更、价格调整、索赔工程支付及其他财务支出情况。

(5)其他特殊事项:应主要记述影响工程进度或造成延误的因素及解决措施。

4.2　工程施工进度调整

工程施工进度调整,也就是依据施工进度计划检查结果,在进度计划执行发生偏离的时候,通过对施工内容、工程量、起止时间、资源供应的调整,或通过局部改变施工顺序,重新确认作业过程相互协作方式等工作关系进行的调整,更充分利用施工的时间和空间进行合理交叉衔接,并编制调整后的施工进度计划,以保证施工总目标的实现。

4.2.1　工程进度偏差分析

当工程实际进度与计划进度出现偏差时,由于进度偏差的大小及其所处的位置不同,对后续工作和总工期的影响程度也不相同,可利用网络计划中工作总时差与自由时差的关系进行分析。

工程进度偏差分析方法和过程见图 3-12。

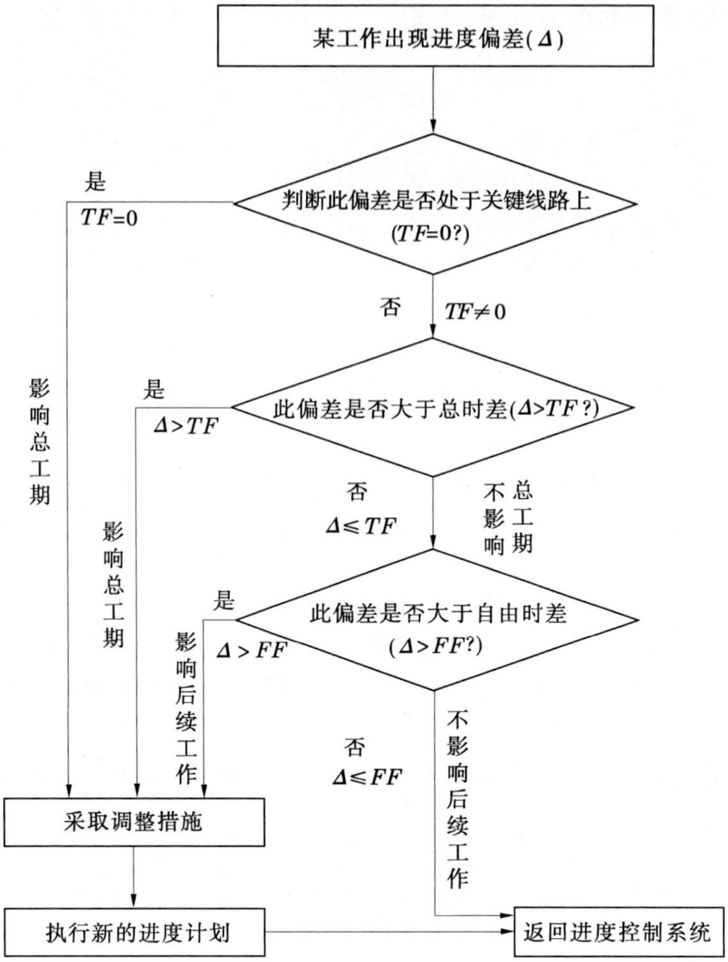

图 3-12　对后续工作和总工期影响分析过程

(1)分析出现进度偏差工作是否为关键线路上的工作。若出现偏差的工作为关键线路上的工作,无论偏差大小,都对后续工作及总工期产生影响,必须采取相应的调整措施;若出现偏差的工作为非关键工作,需要根据偏差值与总时差和自由时差的大小关系,确定对后续工作和总工期的影响程度。

(2)分析进度偏差是否大于总时差。若工作的进度偏差大于该工作的总时差,说明此偏差必将影响后续工作和总工期,必须采取相应的调整措施;若工作的进度偏差小于或等于该工作的总时差,说明此偏差对总工期无影响,但它对后续工作的影响程度,需要根据比较偏差与自由时差的情况来确定。

(3)分析进度偏差是否大于自由时差。若工作的进度偏差大于该工作的自由时差,说明此偏差对后续工作产生影响,应该如何调整,应根据后续工作允许影响的程度而定;若工作的进度偏差小于或等于该工作的自由时差,则说明此偏差对后续工作无影响,原进度计划可以不作调整。

经过如此分析,进度控制人员可以确认应该调整产生进度偏差的工作和调整偏差值的大小,以便确定采取调整的措施,获得新的符合实际进度情况和计划目标的新进度计划。

4.2.2 工程进度调整方法

工程施工进度的调整主要是调整关键线路上的施工安排,对于非关键线路,如果实际进度与计划进度的差距并不对关键线路上的实际进度造成不利影响,监理工程师可不必要求承包人对整个工程进度计划进行调整。

当工程项目施工实际进度影响到后续工作和总工期而需要对进度计划进行调整时,通常采用以下两种方法。

4.2.2.1 改变某些工作间的逻辑关系

当工程项目实施中产生的进度偏差影响到总工期,且有关工作的逻辑关系允许改变时,可以改变关键线路和超过计划工期的非关键线路上的有关工作之间的逻辑关系,达到缩短工期的目的。例如,将顺序进行的工作改为平行作业、搭接作业以及分段组织流水作业等,都可以有效地缩短工期。对于大型群体工程项目,单位工程间的相互制约相对较小,可调幅度较大;对于单位工程内部,由于施工顺序和逻辑关系约束较大,可调幅度较小。

4.2.2.2 缩短某些工作的持续时间

这种方法是不改变工作之间的逻辑关系,而是缩短某些工作的持续时间,而使施工进度加快,并保证实现计划工期的方法。这些被压缩持续时间的工作是位于由于实际施工进度的拖延而引起总工期增长的关键线路和某些非关键线路上的工作。同时,这些工作又是可压缩持续时间的工作。这种方法实际上就是网络计划优化中的工期优化方法和工期与费用优化的方法。具体做法如下:

(1)研究后续各工作持续时间压缩的可能性,确定极限工作持续时间。

(2)确定由于计划调整,采取必要措施,而引起的各工作的费用变化率。

(3)选择直接引起拖期的工作及紧后工作优先压缩,以免拖期影响扩大。

(4)选择费用变化率最小的工作优先压缩,以求花费最小,满足既定工期要求。

(5)综合考虑(3)、(4),确定新的调整计划。

思考题

1. 简述建设工期、合同工期的概念。
2. 简述 PDCA 动态控制原理。
3. 工程进度控制方法和手段有哪些?
4. 进度计划编制方法有哪些?
5. 监理人员从哪些方面审查进度计划工期和时间安排是否合理?
6. 施工前监理进度控制的内容有哪些?
7. 施工过程中进度控制的内容有哪些?
8. 常用的进度检查比较法有哪些?
9. 工程进度调整的方法有哪些?

项目4 工程项目投资控制

任务1 案 例

1 案例1

某水利工程项目在施工过程中发生以下事件：

(1)施工单位在土方工程填筑时，发现取土区的土壤含水率过大，必须经过晾晒后才能填筑，增加费用30 000元，工期延误3 d。

(2)基坑开挖深度为3 m，施工组织设计中考虑的放坡系数为0.3(已经经监理工程师批准)。施工单位为避免坑壁塌方，开挖时加大了放坡系数，使土方开挖量增加，导致费用超支15 000元，工期延误1 d。

(3)建设单位采购的设备没有按计划时间到场，施工受到影响，施工单位要求索赔。

发生以上情况，监理工程师如何处理？

2 案例2

某工程项目法人与承包商签订工程施工合同，合同工期四个月，结算方式为按月结算，合同工程量为20 000 m^3，合同价为100元/m^3。合同规定，开工前项目法人应向承包商支付合同价20%的预付款，在工程第三个月进度款中，扣还40%，第四个月扣还60%；保留金为合同价的5%，从第一个月起按结算工程款的10%扣除，扣够为止；当工程量超过结算工程量15%时，可进行调价，调整系数为0.9；承包方四个月完成了全部工程，各月完成工程量分别为4 000 m^3、5 500 m^3、6 000 m^3、6 500 m^3，监理单位审核后，应签发各月工程款为多少？

任务2 学习内容

课前思考：

1. 成本控制原理是什么？
2. 枢纽工程建设费的组成有哪些？
3. 施工成本偏差分析方法是什么？
4. 降低工程施工成本的途径和措施有哪些？
5. 工程计量的条件、依据、方法是什么？
6. 进度款支付遵循原则是什么？

1 工程投资控制概述

投资控制就是要保证工程项目建设的各项工作在它们各自的预算费用内进行。然而,由于工程质量、进度和成本相互关联、相互制约,费用管理系统绝不可能离开质量和进度独立存在。因此,投资控制就是在这三者综合平衡的前提下,通过准确的动态信息反馈,即对质量、进度和成本的跟踪与监控,把工程项目的实际费用控制在预算范围之内。另一方面,任何的工程项目都存在着一定的风险和不确定性,主要表现在工程变更和费用索赔等方面。因此,监理工程师的投资控制,除按照施工合同和工程项目施工的资金流计划和正常的程序搞好合同各项支付外,妥善处理好工程变更和工程索赔也是投资控制的重要内容。

1.1 工程投资控制目标设置

为确保工程投资目标的实现,应设置合理的投资目标;如果没有投资目标,也就无法进行投资控制。

工程投资目标的设置应有充分的科学依据,既要有先进性,又要有实现的可能性。如果控制目标的水平过高,也就意味着投资留有一定量的缺口,虽经努力也无法实现,那么投资控制就将失去指导工作、改进工作的意义,成为空谈。如果控制目标的水平过低,也就意味着项目高估冒算,建设者不需努力即可达到目的,不仅浪费了资金,而且对建设者也失去了激励的作用,投资控制也如同虚设。

由于工程项目的建设周期长,各种变化因素多,而且建设者对工程项目的认识过程也是一个由粗到细,由表及里,逐步深化的过程。因此,投资控制的目标是随设计的不同阶段而逐步深入细化,其目标也是分阶段设置,使控制的目标愈来愈清晰,愈来愈准确。如投资估算是设计方案选择和初步设计时的投资控制目标,设计概算是进行技术设计和施工图设计时的投资控制目标,设计预算或建设工程施工合同的合同价是施工阶段投资控制的目标,它们共同组成项目投资控制的目标系统。

1.2 工程投资控制原理

工程投资控制应开始于设计阶段,并贯穿于工程实施的全过程。项目投资控制的关键在于施工以前的决策阶段和设计阶段;而在投资决策以后,设计阶段(包括初步设计、技术设计和施工图设计)就成为控制项目投资的关键。工程投资控制原理如图4-1所示。

在项目设计阶段,应注意对设计方案进行审核和费用估算,以便根据费用的估算情况与控制投资额进行比较,并提出对设计方案是否进行修改的建议。

同时,设计人员应对施工现场和环境进行踏勘,对施工单位的水平和各种资源情况进行调查,以便对设计方案的某些方面进行优化,提出意见,节约投资。

在施工阶段,投资控制主要是通过审核施工图预算,不间断地监测施工过程中各种费用的实际支出情况,并与各个分部工程、分项工程的预算进行比较,从而判断工程的实际费用是否偏离了控制的目标值,或有无偏离控制目标值的趋势,以便尽早采取控制纠偏措施。

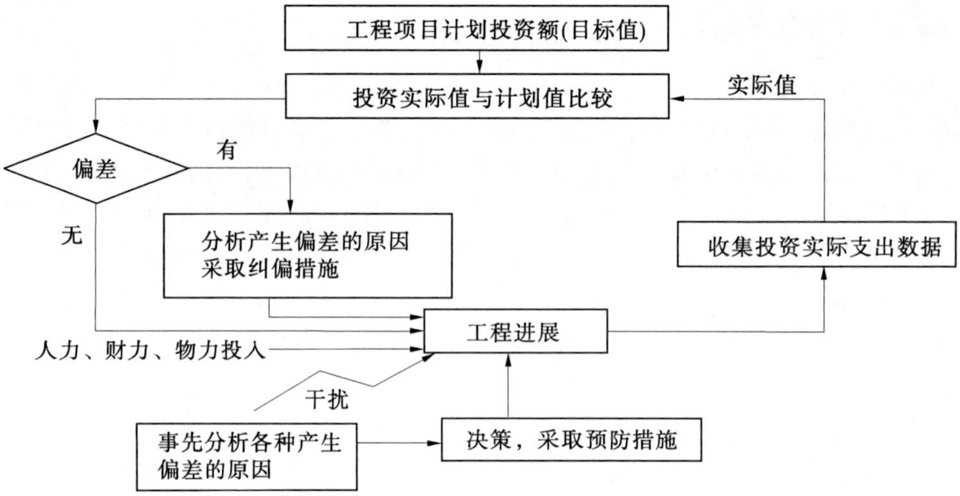

图 4-1　投资控制原理

1.3　施工成本控制依据与原则

1.3.1　施工成本控制依据

水利水电工程建设项目施工成本控制的主要依据有如下几种：

(1)工程承包合同。施工成本控制要以工程承包合同为依据,围绕降低工程成本这个目标,从预算收入和实际成本两方面,努力挖掘增收节支潜力,以求获得最大的经济效益。

(2)施工成本计划。施工成本计划是根据施工项目的具体情况制订的施工成本控制方案,既包括预定的具体成本控制目标,又包括实现控制目标的措施和规划,是施工成本控制的指导文件。

(3)进度报告。进度报告提供了每一时刻工程实际完成量和工程施工成本实际支付情况等重要信息。施工成本控制工作正是通过实际情况与施工成本计划相比较,找出二者之间的差别,分析偏差产生的原因,从而采取措施改进以后的工作。

此外,进度报告还有助于管理者及时发现工程实施中存在的隐患,并在事态未造成重大损失之前采取有效措施,尽量避免损失。

(4)工程变更。在项目的实施过程中,由于各方面的原因,工程变更是很难避免的。工程变更一般包括设计变更、进度计划变更、施工条件变更、技术规范与标准变更、施工次序变更、工程数量变更等。一旦出现变更,工程量、工期、成本都必将发生变化,从而使得施工成本控制工作变得更加复杂。因此,施工成本管理人员就应当通过对变更要求当中各类数据的计算、分析,随时掌握变更情况,包括已发生工程量、将要发生工程量、工期是否拖延、支付情况等重要信息,判断变更以及变更可能带来的索赔额度等。

(5)其他。除上述几种施工成本控制工作的主要依据外,有关施工组织设计、分包合同文本等也都是施工成本控制的依据。

1.3.2　施工成本控制原则

工程施工成本控制是在成本发生和形成的过程中对成本进行的监督检查。项目管理人员对施工成本进行控制时,应遵循以下原则。

1.3.2.1 全面控制原则

(1)项目成本的全员控制。项目成本的全员控制并不是抽象的概念,而应该有一个系统的实质性内容,其中包括各部门、各单位的责任网络和班组经济核算等,成本控制应有专人负责。

(2)项目成本的全过程控制。施工项目成本的全过程控制,是指在工程项目确定以后,自施工准备开始,经过工程施工,到竣工交付使用后的保修期结束,其中每一项经济业务,都要纳入成本控制的轨道。

1.3.2.2 动态控制原则

(1)项目施工是一次性行为,其成本控制应更重视事前、事中控制。在施工开始之前应进行成本预测,确定目标成本,编制成本计划,制订或修订各种消耗定额和费用开支标准。

(2)施工阶段重在执行成本计划,落实降低成本措施,实行成本目标管理;同时,成本控制随施工过程连续进行,应保持与施工进度同步,不能时紧时松,不能拖延。

(3)建立灵敏的成本信息反馈系统,使成本责任部门(人员)能及时获得信息、纠正不利成本偏差;制止不合理开支,把可能导致损失和浪费的苗头消灭在萌芽状态。

(4)竣工阶段成本盈亏已成定局,主要进行整个项目的成本核算、分析、考评。

1.3.2.3 开源与节流相结合原则

降低项目成本,需要一面增加收入,一面节约支出。因此,每发生一笔金额较大的成本费用,都要查一查有无与其相对应的预算收入,是否支出大于收入。

1.3.2.4 目标管理原则

目标管理是贯彻执行计划的一种方法,它把计划的方针、任务、目的和措施等逐一加以分解,提出进一步的具体要求,并分别落实到执行计划的部门、单位甚至个人。

1.3.2.5 节约原则

(1)施工生产既是消耗资财人力的过程,也是创造财富增加收入的过程,其成本控制也应坚持增收与节约相结合的原则。

(2)作为合同签约的依据,编制工程预算时,应"以支定收",保证预算收入;在施工过程中,要"以收定支",控制资源消耗和费用支出。

(3)严格控制成本开支范围、费用开支标准和有关财务制度,对各项成本费用的支出进行限制和监督;每发生一笔成本费用,都要核查是否合理。

(4)经常性的成本核算时,要进行实际成本与预算收入的对比分析;同时,还要抓住索赔时机,搞好索赔、合理力争甲方给予经济补偿。

(5)采取预防成本失控的技术组织措施,制止可能发生的浪费。

(6)施工的质量、进度、安全都对工程成本有很大的影响,因而成本控制必须与质量控制、进度控制、安全控制等工作相结合、相协调,避免返工(修)损失,降低质量成本,减少并杜绝工程延期违约罚款、安全事故损失等费用支出的发生。

(7)坚持现场管理标准化,提高施工项目的科学管理水平,优化施工方案,提高生产效率,节约人、财、物的消耗。

1.3.2.6 责、权、利相结合原则

要使成本控制真正发挥及时有效的作用，必须严格按照经济责任制的要求，贯彻责、权、利相结合的原则。实践证明，只有责、权、利相结合的成本控制，才是名副其实的项目成本控制。

1.4 工程投资控制手段与措施

1.4.1 工程投资控制的手段

项目监理人员在进行项目投资控制时，必须采用明确的控制手段。常用的投资控制手段有如下几种。

(1)计划与决策。计划作为投资控制的手段，是指在充分掌握信息资料的基础上，把握未来的投资前景，正确决定投资活动目标，提出实际目标的最佳方案，合理安排投资资金，以争取最大的投资效益。决策是在调查研究的基础上，对某方案的可行与否作出判断，或在多方案中作出某项选择。

(2)组织与指挥。组织可从两个方面来理解，一是控制的组织机构设置；二是控制的组织活动。组织手段包括如下内容：控制制度的确立；控制机构的设置；控制人员的选配；控制环节的确定；责、权、利的合理划分及管理活动的组织等，充分发挥投资控制的组织手段，能够使整个投资活动形成一个具有内在联系的有机整体。指挥与组织紧密相连。有组织就必须有相应的指挥，没有指挥的组织，其活动是不可想象的。指挥就是上级组织或领导对下属的活动所进行的布置安排、检查调度、指示引导，以使下属的活动沿着一定的轨道通向预定的目标。指挥是保证投资活动取得成效的重要条件。

(3)调节与控制。调节是指投资控制机构和控制人员对投资过程中所出现的新情况作出的适应性反应。控制是指控制机构和控制人员为了实现预期的目标，对投资过程进行的疏导和约束。调节和控制是控制过程的重要手段。

(4)监督与考核。监督是指投资控制人员对投资过程进行的监察和督促。考核是指投资控制人员对投资过程和投资结果的分析比较。通过投资过程的监督与考核，可以进一步提高投资的经济效益。

(5)激励与惩戒。激励是指用物质利益和精神鼓励去调动人的积极性和主动性的手段。惩戒则是对失职者或有不良行为的人进行的惩罚教育，其目的在于加强人们的责任心，来确保计划目标的实现。激励和惩戒二者结合起来用于投资控制，对投资效益的提高有极大的促进作用。

上述各种控制手段是相互联系、相互制约的。在工程项目投资控制活动中，只有各种手段协调一致发挥作用，才能有效地管理投资活动。

1.4.2 工程投资控制措施

在工程建设过程中，监理人员要有效地控制项目的投资，必须从项目组织、技术、经济、合同与信息管理等多方面采取措施。

1.4.2.1 组织措施

组织措施是指从项目投资控制的组织方面采取措施，包括明确项目组织结构，明确项目投资控制者及其任务，以使项目投资控制有专人负责，明确管理职能分工。

项目投资控制不仅是专业投资控制人员的职责，也是各级项目管理人员应负的责任。

因此,组织措施是其他各类措施的前提和保障,运用得当可以收到良好的效果。

1.4.2.2 技术措施

技术措施就是从技术上采取措施,包括重视设计方案的选择,严格审查监督初步设计、技术设计、施工图设计、施工组织设计,深入技术领域研究节约投资的可能性。

技术措施对解决项目投资控制中的技术问题起主要作用,而且对纠正项目投资控制目标偏差也相当重要。因此,运用技术纠偏措施的关键,一是要能提出多个不同的技术方案,二是要对不同的技术方案进行技术经济分析。在实践中,要避免仅从技术角度选定方案而忽视对其经济效果的分析论证。

1.4.2.3 经济措施

经济措施是最易为人接受和采取的措施,如动态地比较项目投资的实际值和计划值,严格审核各项费用支出,采取节约投资的奖励措施等。项目管理人员应通过编制项目资金使用计划,来确定、分解投资控制目标,然后进行风险分析,并制定防范性对策。通过偏差原因分析和未完工程施工成本预测,可发现一些潜在的问题。对于未完工程施工成本的增加,项目管理人员应主动控制,并及时采取预防措施。

1.4.2.4 合同措施

项目投资控制要以合同为依据,除参加合同谈判、修订合同条款、处理合同执行过程中的变更和索赔问题、防止和处理好与项目法人和承包人之间的索赔外,还应分析不同合同之间的相互联系和影响,对每一个合同作总体和具体分析等。

2 工程建设费用的构成

2.1 工程费用组成

水利水电建设项目一般投资多、规模大、涉及范围广。根据现行有关规定,水利水电工程建设项目费用是由建筑工程费、安装工程费、设备费、临时工程费、其他费用、预备费、建设期还贷利息和水库淹没补偿费等组成。

水利水电工程建设费用的组成及其关系如图 4-2 所示。

2.2 枢纽工程建设费

2.2.1 建筑及安装工程费用

在水利水电工程建设中,建筑工程费用和安装工程费用占相当大一部分,一般是由直接工程费、间接费、计划利润和税金四部分组成的。

2.2.1.1 直接工程费

直接工程费是指在建筑安装工程施工过程中直接消耗在工程项目上的活劳动和物化劳动,主要包括直接费、其他直接费和现场经费等。

(1)直接费。指在施工过程中耗费的构成工程实体和有助于工程形成的各项费用,包括人工费、材料费、施工机械使用费。

①人工费。指直接用于从事建筑安装工程施工的生产工人开支的各项费用。

②材料费。指用于建筑安装工程项目上的消耗性材料、装饰性材料和周转性材料摊销费,包括定额工作内容规定应计入的未计价材料和计价材料。

③施工机械使用费。指消耗在建筑安装工程项目上的机械磨损、维修安装、拆除和动

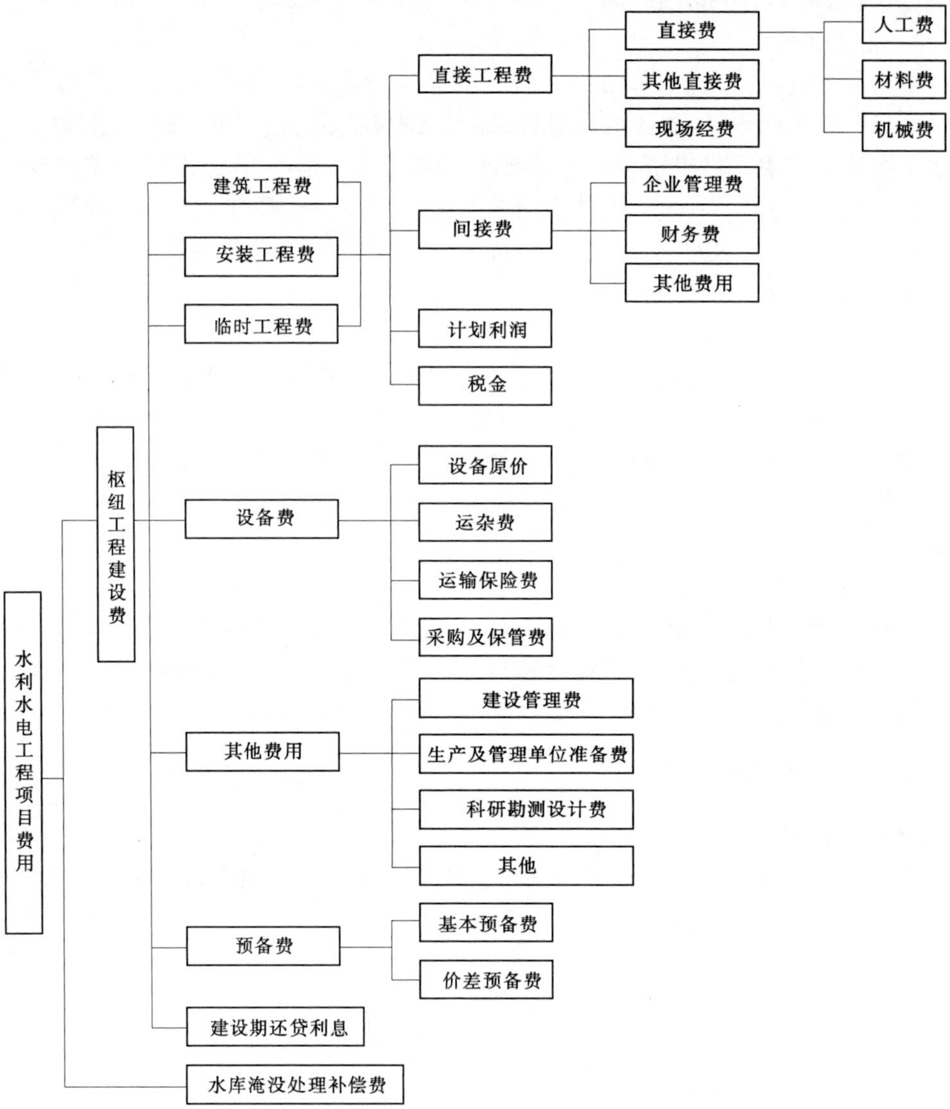

图 4-2　水利水电工程项目费用组成

力燃料及其他有关费用等,包括折旧费、修理费、替换设备费、安装拆卸费、保管费、机上人工费和动力燃料费以及应计算的运输车辆使用税、车辆保险费和利息等。

(2)其他直接费。指在施工过程中,耗费的虽不构成工程实体但因外界环境条件的影响而增加的费用,如冬雨期施工增加费、夜间施工增加费、特殊地区施工增加费等。

①冬雨期施工增加费。指在冬雨期施工期间为保证工程质量和安全生产所需增加的费用,包括增加施工工序,增设防雨、保温、排水等设施,增耗的动力、燃料、材料以及人工、机械效率降低而增加的费用。

②夜间施工增加费。指施工场地和公用施工道路的照明费用。

③特殊地区施工增加费。指在高海拔地区和原始森林等特殊地区施工而增加的费用。

④其他。包括施工工具使用费、检验试验费、工程定位复测、工程移交、竣工场地清理、工程项目及设备仪表移交前的维护观察费等。

(3)现场经费。包括临时设施费和现场管理费两种。其中,临时设施费是指施工企业为进行建筑安装工程施工所必需的临时建筑物、构筑物和各种临时设施的建设、维修、拆除、摊销以及施工期的环境保护措施等发生的费用。

现场管理费是指在施工现场进行管理的费用,主要包括以下几方面:

①现场管理人员的基本工资、辅助工资、职工福利费、劳动保护费等;

②办公费,指现场办公用的文具、纸张、账表、印刷、邮电、书报、会议、水、电、烧水和集体取暖(包括现场临时宿舍取暖)用煤等费用;

③差旅交通费,指现场职工因公出差的旅费,住勤补助费,市内交通费和误餐补助费,职工探亲路费,劳动力招募费,职工离退休、退职一次性路费,工伤人员就医路费,职工上下班交通及工地交通费,工地转移费以及现场管理使用的交通工具的油料、燃料及牌照费;

④固定资产使用费,指现场管理及试验部门使用的属于固定资产的设备、仪器等的折旧、大修理、维修费或租赁费等;

⑤工具器具使用费,指现场管理使用的不属于固定资产的工具、器具家具、交通工具和检验、试验、测绘、消防用具等的购置、维修和摊销等;

⑥保险费,指施工管理用财产、车辆保险,高空、井下、洞内、水下、水上作业等特殊工程安全保险等;

⑦工程保修费,指工程竣工交付使用后,在规定保修期以内的修理费用。

2.2.1.2 间接费

工程建设中,间接费是由企业管理费、财务费用和其他费用组成的,具体内容如下:

(1)企业管理费。指施工企业为组织施工生产经营活动所发生的管理费用。内容包括:

①管理人员的基本工资、辅助工资、工资附加费、劳动保险基金、劳动保护费及按规定标准计提的职工福利费等;

②差旅交通费,指企业职工因公出差、工作调动的差旅费、住勤补助费、市内交通及误餐补助费,职工探亲路费、劳动力招募费,离退休职工一次性路费及交通工具油料、燃料、牌照费等;

③办公费,指企业办公用文具、纸张、账表、印刷、邮电、书报、会议、水电、燃煤(气)等费用;

④固定资产折旧、修理费,指企业属于固定资产的房屋、设备、仪器等折旧及维修等费用;

⑤工具用具使用费,指企业管理使用的不属于固定资产的工具、用具、家具、交通工具、检验、试验、消防等的摊销及维修费用;

⑥职工教育经费,指企业为职工学习先进技术和提高文化水平按职工工资总额计提的费用;

⑦保险费,指企业财产保险、管理用车辆等保险费用;

⑧税金,指企业按规定缴纳的房产税、车船使用税、印花税等;

⑨其他，包括技术转让费、设计收费标准中未包括的应由施工企业承担的部分临时工程设计费、投标报价费、工程图纸资料费及工程摄影费，技术开发费、业务招待费、绿化费、公证费、法律顾问费、审计费、咨询费等。

(2)财务费用。指企业为筹集资金而发生的各项费用，包括企业经营期间发生的短期贷款利息净支出、汇兑净损失、金融机构手续费、企业筹集资金发生的其他财务费用，以及投标和承包工程发生的保函手续费等。

(3)其他费用。指定额测定费及施工企业进退场补贴费。

2.2.1.3 计划利润

计划利润是指按规定应计入建筑安装工程费用中的利润。利润率不分建筑工程和安装工程，均可按直接工程费与间接费之和的7%计算。

2.2.1.4 税金

税金是指国家对施工企业承担建筑、安装工程作业收入所征收的营业税、城市维护建设税和教育费附加，可根据国家发布的有关文件规定的征收范围和税率计算。

$$税金 = (直接工程费 + 间接费 + 计划利润) \times 费率 \qquad (4\text{-}1)$$

式中：费率标准分别如下：建设项目在市区的为3.41%，建设项目在县城镇的为3.35%，建设项目在市区或县城镇以外的为3.22%。

2.2.2 临时工程费

临时工程是指在水利水电基本建设工程项目的施工准备阶段和建设过程中，为保证永久建筑安装工程的施工而修建的临时工程和设施，主要包括施工导流工程、施工交通工程、施工房屋建筑工程、35 kV及以上等级的施工场外供电线路、对外通信、缆机平台、施工排水(指大型河道治理)及其他大型临时工程。

根据水利水电工程的施工特点，所需临时工程的规模大、项目多、投资高，故不能归入现场经费中的临时设施费内，可将其单独列出；其费用构成同建筑安装工程。

2.2.3 设备费用及其他

2.2.3.1 设备费用

设备费用主要是指购买、运输和保管设备的费用，包括设备原价、运杂费、运输保险费和采购及保管费等。

2.2.3.2 其他费用

其他费用又称其他基本建设支出，指在生产准备和施工过程中与工程建设直接有关联而又难于直接摊入某个单位工程的费用，包括建设管理费、生产及管理单位准备费、科研勘测设计费和其他费用。

2.2.3.3 预备费

预备费是指在初设阶段难以预料而在施工过程中又可能发生的规定范围内的工程费用，以及工程建设期内发生的价差，包括基本预备费和价差预备费两项。

(1)基本预备费。主要为解决在施工过程中，由于设计变更、防止自然灾害措施费以及其他一些难以预料而增加的工程项目和费用。

(2)价差预备费。主要为解决在工程建设过程中，因人工、材料、设备以及费用价格上涨而增加的费用。

2.2.3.4 建设期还贷利息

建设期还贷利息是指建设项目在建设期内使用融资资金应支付的利息和融资费用。

2.3 水库淹没处理补偿费

水库淹没处理补偿费是指因水库淹没而发生的处理和补偿费用，包括如下内容：

(1)农村移民安置迁建费。指库区(包括淹没、浸没、塌岸区以及其他影响区，下同)内农村移民迁移和乡村企业、事业单位迁建等所需的补偿费用。

(2)城镇及集镇迁建补偿费。指库区内建制镇、县城、城市和区、乡政府驻地及非建制镇的居民、工商业、企业、机关、事业单位的迁建补偿费。

(3)专业项目恢复改建费。指库区内的工矿企业、铁路、公路、航运、电信、广播电视、输变电、水利设施、库周交通及文物古迹保护的恢复改建补偿费等。

(4)防护工程费。指对库区内不作淹没补偿和迁建的受淹对象进行防护处理所需的工程费用。

(5)库底清理费。指库区不属于补偿范围非清理的卫生防疫措施的费用。

(6)其他费用。包括规划设计费、实施管理费、技术培训费、监测费及监理费等。

(7)预备费。包括基本预备费和价差预备费两项。

(8)有关税费。指按国家规定应缴纳的与水库淹没处理有关的税费。

(9)环境影响等补偿费。指由于兴建水库(含工程建筑物)对环境等造成不利影响而增加的一次性费用。

3 工程施工成本控制

3.1 编制施工成本计划

工程施工成本计划应在成本预测、决策的基础上进行编制，其关键工作是确定成本目标。成本通常是以项目成本总降低额和降低率来定量表示的。

工程施工成本计划常用的编制方法有定额估算法、直接估算法、计划成本法和定率估算法等。

3.1.1 定额估算法

在概预算编制力量较强、定额比较完备的情况下，对于施工图预算与施工预算编制经验比较丰富的施工企业，可采用定额估算法来确定项目施工成本目标。

采用定额估算法编制项目施工成本计划时，应按以下步骤执行：

(1)根据已有的投标、预算资料，求出中标合同价与施工图预算的总价格差以及施工图预算与施工预算的总价格差。

(2)对施工预算未能包括的项目，参照定额进行估算。

(3)对实际成本与定额差距大的子项，按实际支出水平估算出实际与定额水平之差。

(4)考虑价格因素，不可预见和工期制约等风险因素，进行测算调整。

(5)综合计算项目的成本降低额和降低率。

3.1.2 直接估算法

采用直接估算法时，应先将施工项目逐级分解为便于估算的小项，按小项自下而上估算，然后进行汇总，即可得到整个施工项目的估算数据。最后，再考虑风险和物价的影响，并予以调整。

(1)人工费的计划成本。由项目管理班子的劳资部门计算。

人工费的计划成本 = 计划用工量 × 实际水平的工资率 (4-2)

计划用工量 = ∑(某项工程量 × 工日定额) (4-3)

工日定额可根据实际水平,考虑先进性,适当提高定额值。

(2)材料费的计划成本。由项目管理班子的材料部门计算。

材料费的计划成本 = ∑(主要材料的计划用量 × 实际价格) +
∑(装饰材料的计划用量 × 实际价格) +
∑(周转材料的使用量 × 日期 × 租赁价格) +
∑(构配件的计划用量 × 实际价格) + 工程用水水费 (4-4)

(3)机械使用费的计划成本。由项目管理班子的机械管理部门计算。

机械使用费的计划成本 = ∑(施工机械的计划台班数 × 规定的台班单价)

或 机械使用费的计划成本 = ∑(施工机械的计划使用台班数 × 机械租赁单价) +
机械施工用电的电费 (4-5)

(4)其他直接费的计划成本。由项目管理班子的施工生产部门和材料部门共同计算。计算的内容包括现场搬运费、临时设施摊销费、使用生产工具用具的费用、工程定位复测费、工程移点费以及场地清理费等的费用测算。

(5)间接费用计划成本,由施工项目经理部的财务人员计算。一般根据施工项目管理部内的计划职工平均人数按历史成本的间接费用以及压缩费用进行措施人均支出数进行测算。

3.1.3 计划成本法

工程施工成本计划采用计划成本法进行编制时,应综合运用施工预算法、技术节约措施法和成本习性法等。

(1)施工预算法。施工预算法是指主要以施工图中的工程实物量,套以施工工料消耗定额,计算工料消耗量,并进行工料汇总,然后统一以货币形式反映其施工生产耗费水平。

(2)技术节约措施法。技术节约措施法是指该施工项目计划采取的技术组织措施和节约措施所能取得的经济效果为施工项目成本降低额,然后求施工项目的计划成本的方法。用公式表示为

施工项目计划成本 = 施工项目预算成本 - 技术节约措施计划节约额(降低成本额) (4-6)

(3)成本习性法。成本习性法是固定成本和变动成本在编制成本计划中的应用,主要按照成本习性,将成本分成固定成本和变动成本两类,以此作为计划成本。具体划分可采用费用分解法。

3.1.4 定率估算法

当工程过于庞大或复杂时,宜采用定率估算法。采用此法时,可先将工程项目划分为少数几个子项目,然后参照同类项目的历史数据,采用数学平均值法计算子项目降低率,再算出子项目成本降低额,汇总得出整个项目成本降低额、降低率。

3.2 影响施工成本的因素

影响工程施工成本变动的因素有两个方面,一是外部的属于市场经济的因素,二是内部的属于企业经营管理的因素。这两方面的因素在一定条件下,又是相互制约和相互促进的。

影响工程施工成本变动的市场经济因素主要包括施工企业的规模和技术装备水平,施工企业专业化和协作的水平以及企业员工的技术水平和操作的熟练程度等几个方面,这些因素不是在短期内所能改变的。因此,应将施工项目成本分析的重点放在影响施工项目成本升降的内部因素上,见表4-1。

表4-1 影响施工项目成本的内部因素

序号	内部因素	说明
1	材料、能源利用效果	在其他条件不变的情况下,材料、能源消耗定额的高低,直接影响材料、燃料成本的升降。材料、燃料价格的变动,也直接影响产品成本的升降
2	机械设备的利用效果	在机械设备的使用过程中,必须以满足施工需要为前提,加强机械设备的平衡调度、充分发挥机械的效用;同时,还要加强平时的机械设备的维修保养工作,提高机械的完好率,保证机械的正常运转
3	施工质量水平的高低	对施工企业来说,提高施工项目质量水平就可以降低施工中的故障成本,减少未达到质量标准而发生的一切损失费用,但这也意味着为保证和提高项目质量而支出的费用就会增加。可见,施工质量水平的高低也是影响施工项目成本的主要因素之一
4	人工费水平的合理性	人工费水平的合理性是指人工费既不过高,也不过低。如果人工费过高,就会增加施工项目的成本;而人工费过低,工人的积极性不高,施工项目的质量就有可能得不到保证
5	其他影响施工项目成本变动的因素	其他影响施工项目成本变动的因素,包括除上述四项外的措施费用以及为施工准备、组织施工和管理所需要的费用

3.3 工程施工成本分析

工程成本作为一个反映企业施工生产活动耗费情况的综合指标,同各项技术经济指标之间存在着密切的联系。工程成本分析就是对施工过程中各项费用进行对比与分析,找出存在的问题,寻找降低工程成本的途径。

3.3.1 工程成本因素分析

工程施工过程中,各项技术经济指标的变动,均会直接或间接地影响工程成本,现作以下简要分析:

(1)产量变动对工程成本的影响。工程成本一般可分为变动成本和固定成本两部分。随着产量的提高,各单位工程所分摊的固定成本将相应减少,因此提高工程产量,单位工程成本就会随产量的增加而有所减少。

(2)劳动生产率变动对工程成本的影响。劳动生产率对工程的影响主要体现在两个方面:一是通过产量变动影响工程成本中的固定成本;二是劳动生产率的变动直接影响工程成本中的人工费(即变动成本的一部分)。

提高劳动生产率是增加产量、降低成本的重要途径。值得注意的是,随着劳动生产率的提高,工人工资也有所提高。因此,在分析劳动生产率的影响时,还应考虑人工平均工资增长的影响。

(3)建筑材料的利用程度对工程成本的影响。在建筑工程施工中,建筑材料的成本在工程成本中占有相当大的比重。而影响建筑费用的因素主要是耗用量和价格两个方面,因此降低建筑材料的耗用量是降低工程成本的主要方面。

(4)机械利用率变动对工程成本的影响。机械利用的好坏并不直接引起成本变动,但它会通过产量的变动而间接影响单位成本。

(5)工程质量变化对工程成本的影响。工程质量的好坏也是影响产量和成本的重要原因。质量提高,返工减少,既能加快施工速度,促进产量增加,又能节约材料、人工、机械和其他费用消耗,从而降低工程成本。

水利水电工程虽不设废品等级,但存在返工、修补、加固等要求。返工次数和每次返工所需的人工、机械、材料费等越多,对工程成本的影响越大。因此,一般用返工损失金额来综合反映工程成本的变化。

(6)技术措施变动对工程成本的影响,在施工过程中,施工企业应尽量采用先进的技术措施,这也是降低工程成本最有效的手段。

(7)施工管理费变动对工程成本的影响。施工管理费在工程成本中占有较大的比重,如能精简机构,提高管理工作质量和效率,节省开支,对降低工程成本也有很大的作用。

3.3.2 工程成本综合分析

工程成本综合分析就是从总体上对施工成本计划的执行情况进行全面概略的分析。

3.3.2.1 工程成本划分

在成本综合分析时,常将工程成本划分为预算成本、计划成本和实际成本三种。

(1)预算成本一般为施工图预算所确定的工程成本。在实行招标承包的工程中,一般为工程承包合同价款减去法定利润后的成本,因此又称为承包成本。

(2)计划成本是在预算成本的基础上,根据成本降低目标,结合本企业的技术组织措施计划和施工条件等所确定的成本。计划成本是企业降低生产消耗费用的奋斗目标,也是企业成本控制的基础。

(3)实际成本是指企业在完成建筑安装工程施工中实际发生费用的总和。它是反映企业经营活动效果的综合性指标。

3.3.2.2 成本综合分析

在进行成本分析时,既要看成本降低额,又要看成本降低率。成本降低率是相对数,便于进行比较,看出成本降低水平。成本综合分析时,一般可分为以下三种情况:

(1)实际成本与计划成本进行比较,以检查完成降低成本计划情况和各成本项目降低和超支情况。

(2)对企业内单位之间进行比较,从而找出差距。

(3)本期与前期进行比较,以便分析成本管理的发展情况。

计划成本与预算成本之差即为成本计划降低额;实际成本与预算成本之差即为成本

实际降低额。进行分析时,只须将实际成本降低额与计划成本降低额进行比较,即可考察出企业降低成本的执行情况。

3.3.3 施工成本偏差分析

在工程施工成本控制中,把投资的实际值与计划值的差异叫作投资偏差。采用投资偏差分析法时,常采用横道图法、表格法、曲线法和时标网络图法进行。

3.3.3.1 横道图法

用横道图法进行投资偏差分析,是用不同的横道标识已完工程计划投资,拟完工程计划投资和已完工程实际投资,横道的长度与其金额成正比例。

横道图法具有形象、直观、一目了然等优点,它能够准确表达出投资的绝对偏差,而且能一眼看到偏差的严重性。但是,这种方法反映的信息量少,一般在项目的较高管理层应用。

3.3.3.2 表格法

表格法是进行偏差分析最常用的一种方法。它将项目编号、名称、各投资参数以及投资偏差数综合归纳入一张表格中,并且直接在表格中进行比较。由于各偏差参数都在表中列出,使得投资管理者能够综合地了解并处理这些数据,见表4-2。

表4-2 进度偏差分析

项目编码	(1)	010101	010201	010301
项目名称	(2)	土方工程	打桩工程	基础工程
单　　位	(3)			
计划单价(元/m^3)	(4)	5		
拟定工程量(万 m^3)	(5)	10		
拟完工程计划投资(万元)	(6)=(4)×(5)	50	66	80
已完工程量(万 m^3)	(7)	12		
已完工程计划投资(万元)	(8)=(4)×(7)	60	100	60
实际单价(元/m^3)	(9)	5.80		
其他款项(万元)	(10)	0.4		
已完工程实际投资(万元)	(11)=(7)×(9)+(10)	70	80	80
投资局部偏差(万元)	(12)=(11)-(6)	20	-20	20
投资局部偏差程度	(13)=(11)÷(8)	1.17	0.8	1.33
投资累计偏差	(14)=∑(12)			
投资累计偏差程度	(15)=∑(11)÷∑(8)			
进度局部偏差(万元)	(16)=(6)-(8)	-10	-34	20
进度局部偏差程度	(17)=(6)÷(8)	0.83	0.66	1.33
进度累计偏差	(18)=∑(16)			
进度累计偏差程度	(19)=∑(6)÷∑(8)			

3.3.3.3 曲线法

曲线法是用投资累计曲线(S 形曲线)来进行投资偏差分析的一种方法,如图 4-3 所示。其中 a 表示投资实际值曲线,p 表示投资计划值曲线,两条曲线之间的竖向距离表示投资偏差。在用曲线法进行投资偏差分析时,首先要确定投资计划值曲线。投资计划值曲线是与确定的进度计划联系在一起的。同时,也应考虑实际进度的影响,应当引入三条投资参数曲线,即已完工程实际投资曲线 a、已完工程计划投资曲线 b 和拟完工程计划投资曲线 p,如图 4-4 所示。图中曲线 a 与曲线 b 的竖向距离表示投资偏差,曲线 b 与曲线 p 的水平距离表示进度偏差。

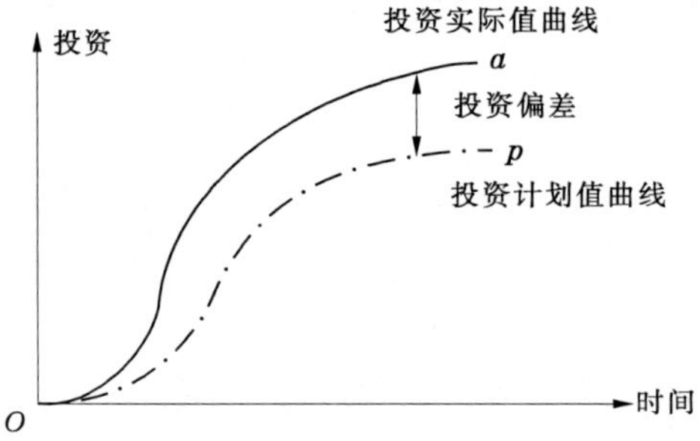

图 4-3 投资计划值与投资实际值曲线

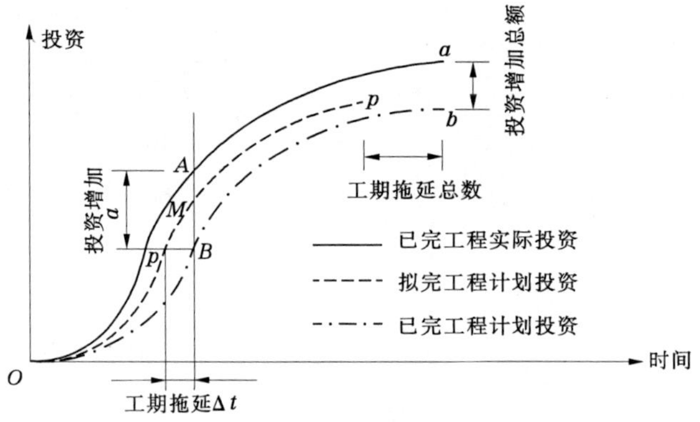

图 4-4 三条投资参数曲线

图 4-4 反映的偏差为累计偏差。用曲线法进行偏差分析同样具有形象、直观的特点,但这种方法很难直接用于定量分析,只能对定量分析起一定的指导作用。

3.3.3.4 时标网络图法

时标网络图是在确定施工计划网络图的基础上,将施工的实施进度与日历工期相结合而形成的网络图。它分为早时标网络图与迟时标网络图。早时标网络图中的结点位置与以该结点为起点的工序的最早开工时间相对应;图中的实线长度为工序的工作时间;虚节线表示对应施工检查日施工的实际进度;图中箭线上标入的数字可以表示箭线对应工序单位时间的计划投资值。进行施工成本偏差分析的目的就是要找出引起偏差的原因,从而采取有针对性的措施,减少或避免相同原因的再次发生。在进行偏差原因分析时,应先将可能导致偏差的各种原因逐一列举出来,然后通过对投资偏差原因的归纳和总结,为采取预防措施提供必要的依据。

3.4 降低工程施工成本的途径和措施

不断降低工程施工成本是投资控制的一项重要任务。制订工程成本计划时,应明确降低工程成本的途径,并订出相应降低工程成本的措施。

降低工程施工成本的直接途径和措施见表4-3。

表4-3 降低工程施工成本的直接途径和措施

序号	途径与措施	说明
1	认真审核图纸,积极提出修改意见	(1)施工单位应该在满足用户要求和保证工程质量的前提下,联系项目施工的主客观条件,对设计图纸进行认真的会审,并提出积极的修改意见,在取得用户和设计单位的同意后,修改设计图纸,同时办理增减账。 (2)在会审图纸的时候,对于结构复杂、施工难度高的项目,更要认真,并且要从方便施工,有利于加快工程进度和保证工程质量,又能降低资源消耗、增加工程收入等方面综合考虑,提出有科学根据的合理化建议,争取建设单位和设计单位的认同
2	制订先进合理、经济实用的施工方案	(1)施工方案主要包括四项内容:施工方法的确定、施工机具的选择、施工顺序的安排和流水施工的组织。正确选择施工方案是降低成本的关键所在。 (2)制订施工方案要以合同工期和上级要求为依据,联系项目的规模、性质、复杂程度、现场条件、装备情况、人员素质等因素综合考虑。 (3)同时制订两个或两个以上的先进可行的施工方案,以便从中优选最合理、最经济的一个
3	切实落实技术组织措施	落实技术组织措施,走技术与经济相结合的道路,以技术优势来取得经济效益,是降低项目成本的又一个关键。一般情况下,项目应在开工以前根据工程情况制订技术组织措施计划,作为降低成本计划的内容之一列入施工组织设计,在编制月度施工作业计划的同时,也可以按照作业计划的内容编制月度技术组织措施计划
4	组织流水施工,加快施工进度	(1)凡按时间计算的成本费用,在加快施工进度缩短施工周期的情况下,都会有明显的节约。除此之外,还可从用户那里得到一笔提前竣工奖。 (2)为加快施工进度,将会增加一定的成本支出。因此,在签订合同时,应根据用户或赶工的要求,将赶工费列入施工图预算。如果事先并未明确,而由用户在施工中临时提出要求,则应该请用户签字,费用按实计算。 (3)在加快施工进度的同时,必须根据实际情况,组织均衡施工,确实做到快而不乱以免发生不必要的损失
5	降低材料成本	(1)加强材料采购、运输、保管等工作,减各环节的损耗,节约采购费用。 (2)加强现场材料管理,组织分批进场,减少搬运。 (3)对进场材料的数量、质量要严格签收,实行材料的限额领料。 (4)制订并贯彻节约材料措施,合理使用材料,扩大代用材料、修旧利废和废料回收

续表 4-3

序号	途径与措施	说明
6	降低机械使用费	(1)结合施工方案的制订,从机械性能、操作运行和台班成本等因素综合考虑,选择最适合项目施工特点的施工机械,要求做到既实用又经济。 (2)做好工序、工种机械施工的组织工作,最大限度地发挥机械效能;同时,对机械操作人员的技能也要有一定的要求,防止因不规范操作或操作不熟练影响正常施工,降低机械利用率。 (3)做好平时的机械维修保养工作,使机械始终保持完好状态,随时都能正常运转。严禁在机械维修时将零部件拆东补西,人为地损坏机械
7	以激励机制调动职工增产节约的积极性	(1)对关键工序施工的关键班组要实行重奖。 (2)对材料操作损耗特别大的工序,可由生产班组直接承包。 (3)实行钢模零件和脚手螺丝有偿回收。 (4)实行班组落手清承包
8	加强合理管理,增创工程收入	(1)深入研究招标文件和投标策略,正确编制施工图概预算,在此项目上,充分考虑可能发生的成本费用,正确编制施工图概预算。 (2)加强合同管理,及时办理增减账和进行索赔。项目承包方要加强合同的管理,要利用合同赋予的权力,开展索赔工作,及时办理增减账手续,通过工程款结算从业主那里得到补偿

4 工程计量与价款支付

4.1 工程计量

工程计量是根据设计文件及承包合同中关于工程量计算的规定,项目监理机构对承包单位申报的已完成工程的工程量进行的核验。

4.1.1 工程计量的条件

(1)工程计量的范围仅限于承包单位完成的质量验收合格的工程量,未经监理人员质量验收合格的工程量,或不符合施工合同规定的工程量,监理人员应拒绝计量和该部分的工程款支付申请。

(2)工程变更中一般附有变更清单,工程变更清单同工程量清单具有相同的性质,因此对于工程变更清单必须按合同有关要求进行计量。

(3)除清单中的工程项目外,在合同文件中通常还规定了一些包干项,对于这些项目也必须根据合同条件进行计量。

(4)对于清单中没有填写单价与金额的项目,仍需进行计量。以便确认承包人是否按合同条件完成了该项工程。

(5)承包人所完成的工程经检查合格后,由监理工程师签发中间交工证书,在此基础上再进行计量。工程质量没有达到合同规范标准的任何工程或工序,一律不得进行计量。

(6)工程质量验收手续必须齐全。对一项工程或一道工序的验收应有以下资料和手续:

①监理工程师批准的开工申请单;

②承包人自检的各种资料和试验数据,同时各种试验的频率要符合合同规定;

③监理工程师检验的各种试验数据;

④中间交工证书。

4.1.2 工程计量的依据

计量依据一般有质量合格证书、工程量清单前言、技术规范中的"计量支付"条款和设计图纸。

(1)质量合格证书。对于承包商已完工程,经过专业工程师检验,工程质量达到合同规定的标准后,由专业工程师签署报验申请表(质量合格证书),只有质量合格的工程才予以计量。

未经监理人员质量验收合格的工程量,或不符合施工合同规定的工程量,监理人员应拒绝该部分的工程款支付申请。

(2)工程量清单前言和技术规范。工程量清单前言和技术规范的"计量支付"条款规定了清单中每一项工程的计量方法,同时规定了按规定的计量方法确定的单价所包括的工作内容和范围。

(3)设计图纸。工程师计量的工程数量,并不一定是承包商实际施工的数量,计量的几何尺寸要以设计图纸为依据,工程师对承包商超出设计图纸要求增加的工程量和自身原因造成返工的工程量,应不予计量。

4.1.3 工程计量的方法

进行工程计量时,应对工程量清单中的全部项目、合同文件中规定的项目以及工程变更项目分别进行计量。常用的计量方法有如下几种:

(1)均摊法。在工程清单中,如某些项目的合同价款有一个共同的特点,即每月均会发生,此时宜采用均摊法,按合同工期平均计量并进行支付。

(2)凭据法。所谓凭据法,就是按照承包商提供的凭据进行计量支付。如提供建筑工程险保险费、提供第三方责任险保险费、提供履约保证金等项目,一般按凭据法进行计量支付。

(3)估价法。所谓估价法,就是按合同文件的规定,根据监理工程师估算的已完成的工程价值支付。如为监理工程师提供办公设施和生活设施,为监理工程师提供用车,为监理工程师提供测量设备、天气记录设备、通信设备等项目。这类清单项目往往要购买几种仪器设备。当承包商对于某一项清单项目中规定购买的仪器设备不能一次购进时,则需采用估价法进行计量支付。

(4)断面法。断面法主要用于取土坑或填筑路堤土方的计量。对于填筑土方工程,一般规定计量的体积为原地面线与设计断面所构成的体积。采用这种计量方法,在开工前承包商需测绘出原地形的断面,并需经监理工程师检查,作为计量的依据。

(5)图纸法。也就是按图纸进行计量的方法。在工程量清单中,许多项目都采取按照设计图纸所示的尺寸进行计量。如混凝土构筑物的体积、钻孔桩的桩长等。按图纸进行计量的方法,称为图纸法。

(6)分解计量法。所谓分解计量法,就是将一个项目根据工序或部位分解为若干子项,对完成的各子项进行计量支付。这种计量方法主要是为了解决一些包干项目或较大的工程项目的支付时间过长,影响承包商的资金流动的问题。

4.2 工程价款的支付

工程价款支付的内容,包括工程预付款支付、材料预付款支付、工程进度款的支付(中间支付)、工程保留金的扣留与支付、其他费用的支付以及工程竣工结算和最终结清。

4.2.1 工程预付款

(1)工程材料预付款专用合同条款中规定的工程主要材料到达工地并满足规定的条件后,承包人可向监理人提交材料预付款支付申请。

预付款金额为经监理人审核后的实际材料价的 90%,在月进度付款中支付;预付款从付款月后的月进度付款中按合同约定的比例或方法扣还。

(2)《水利水电工程施工合同和招投标文件示范文本》的通用条款对工程预付款的支付时间、支付金额做了如下规定:

①工程预付款的总金额应不低于合同价格的 10%,分两次支付给承包人。第一次预付款的金额不应低于工程预付款总金额的 40%。

②第一次预付款应在签协议书后 21 d 内,由承包人向发包人提交了经发包人认可的工程预付款保函,并经监理人出具付款证书报送发包人批准后予以支付。

③第二次预付款需待承包人主要设备进入工地后,其估算价值已达到本次预付款金额时,由承包人提出书面申请,经监理人核实后出具付款证书报送发包人,发包人收到监理人出具的付款证书后 14 d 内支付给承包人。

④工程预付款由发包人从月进度付款中扣回。

4.2.2 工程进度款

(1)工程进度款支付过程中应遵循如下原则:工程质量已经检验且合格,工程量已通过计量并被认可,支付费用的组成、价格或费率符合合同约定或经合同双方认可。

(2)月支付工程款。按月支付工程款时,应按以下规定执行:

①承包单位按有关规定及监理签认的工程量,填写“(　)月付款报审表”“(　)月支付汇总表”报送项目监理。

②监理工程师应根据国家或本地区(部)的有关规定及工程施工合同的规定进行审核,确认应支付的费用。总监理工程师应核定并签发工程款支付证书,报建设单位签认并支付工程进度款。

③若当月发生设计变更、洽商或索赔,承包单位还应填写“设计变更、洽商费用报审表”或“费用索赔报审表”,并附上有关资料报送项目监理部。

(3)工程保留金的扣留与支付应符合以下规定:

①监理人应从第一个月开始,在给承包人的月进度付款中扣留按专用合同条款规定百分比的金额作为保留金(其计算额度不包括预付款和价格调整金额),直至扣留的保留

金总额达到专用合同条款规定的数额。

②在签发本合同工程移交证书后14 d内,由监理人出具保留金付款证书,发包人将保留金总额的一半支付给承包人。

③在单位工程验收并签发移交证书后,将其相应的保留金总额的一半在月进度付款中支付给承包人。

④监理人在本合同全部工程的保修期满时,出具为支付剩余保留金的付款证书。发包人应在收到上述付款证书后14 d内将剩余的保留金立付给承包人。若保修期满尚需承包人完成剩余工作,则监理人有权在付款证书中扣留与剩余工作所需金额相应的保留金余额。

4.3 工程竣工结算与决算

4.3.1 工程竣工结算

工程竣工后应进行竣工验收。验收合格后,承包单位应向监理单位报送竣工结算资料;监理工程师审核合格后,签认工程结算款支付证书,报送建设单位。建设单位签认并付款。

4.3.1.1 竣工结算的依据

监理工程师在进行竣工结算时,应依据以下内容执行:

(1)工程竣工报告和工程竣工验收单。

(2)建设工程施工合同。

(3)施工图预算、施工图纸、设计变更和施工变更资料、索赔资料和文件等。

(4)现行建筑安装工程预算定额、基本建设预算价格、建筑安装工程管理费定额、其他取费标准及调价规定等。

(5)有关施工技术的资料等。

4.3.1.2 审核竣工结算资料

监理单位收到施工单位报送的竣工结算资料后,应与审计部门及时进行审核。其审核内容如下:

(1)以单位工程为基础,对施工图预算的主要内容,如定额编号、工程项目、工程量、单价及计算结果等进行检查与核对。

(2)核查工程开工前的施工准备及临时用水、电、道路和平整场地、清除障碍物的费用是否准确。土石方工程与地基基础处理有无漏项或多算。钢筋混凝土工程中的含钢量是否按规定进行了调整。加工订货的项目、规格、数量、单价与施工图预算及实际安装的规格数量、单价是否相符。特殊工程中使用的特殊材料的单价有无变化。工程施工变更记录与预算调整是否符合。索赔处理是否符合要求。分包工程费用支出与预算收入是否相符。施工图要求及实际施工有无不相符合的项目等。若发现不符合有关规定,有多算、漏算或计算误差等情况,均应及时调整。

4.3.1.3 工程款竣工结算

(1)工程项目竣工并由建设单位、监理单位签发竣工移交证书后,承包单位应在规定时间内向项目监理部提交工程竣工结算资料。

(2)监理工程师及时审核竣工资料,并与建设单位、承包单位协商和协调,提出审核意见。总监理工程师签发工程竣工结算款支付证书,报建设单位审核。

(3)建设单位收到总监理工程师签发的支付证书后,应及时按合同约定,与承包单位办理竣工结算的有关事项。

4.3.2 工程竣工决算

4.3.2.1 竣工决算费用

工程竣工决算应包括项目从筹建到竣工验收的全部费用,即建筑工程费、安装工程费设备费、临时工程费、独立费用、预备费、建设期融资利息和水库淹没处理补偿费及水保、环保费用。

4.3.2.2 竣工决算文件

工程竣工决算,也称基本建设项目竣工财务决算报告,是反映建设项目实际工程造价的技术经济文件,一般由竣工决算报表、竣工决算说明书、竣工工程平面示意图、工程造价比较分析四部分组成。

(1)工程竣工决算报表主要包括竣工项目概况表、项目竣工决算表、项目年度财务决算表、项目投资分析表、项目成本表、项目预计未完工程及费用表、竣工项目待核销基建支出表、竣工项目转出投资表、竣工项目交付使用资产表等。

(2)竣工决算说明书是竣工决算的重要文件,是包括反映竣工项目建设过程、建设成果的书面文件,其主要内容包括以下几项:

①项目概况。主要包括项目建设理由、历史沿革、项目设计、建设过程以及“三项制度”(项目法人责任制、招标投标制、建设监理制)的实施情况。

②概预算及计划执行情况。包括概预算批复及调整,概预算执行,计划下达及执行情况。

③投资来源。包括投贷构成、资本结构、投资性质等。

④基建收入、基建结余资金的形成和分配等情况。

⑤移民及土地征用专项处理等情况。

⑥财务管理方面情况。

⑦项目效益及主要技术经济指标的分析计算。

⑧交付使用财产情况。

⑨存在的主要问题及其处理意见。

⑩编表说明及需要说明的其他问题。

(3)竣工工程平面示意图(略)。

(4)工程造价比较分析。在竣工决算报告中,必须对控制工程造价所采取的措施、效果以及其动态的变化进行认真的比较分析,总结经验教训。批准的概预算是考核建设工程造价的依据,在分析时,可将决算报表中所提供的实际数据和相关资料与批准的概算、预算指标进行对比,以确定竣工项目总造价是节约还是超支。在对比的基础上,总结先进经验,找出落后原因,提出改进措施。对于建安工程间接费的费率标准,根据各地区同类工程的相关数据确定。对突破概预算投资的各单位工程,必须要查清是否有超过规定的标准而重计、多取间接费的现象。

工程竣工决算文件应包括反映建设项目的投资使用方向,投资效果和经济效益,是竣工验收报告的重要组成部分。

思考题

1. 工程投资控制的手段有哪些?
2. 水利枢纽工程建设费用包含哪些内容?
3. 常用的施工成本计划编制方法有哪些?
4. 工程计量条件、依据、方法有哪些?
5. 水利水电工程施工合同规定的工程预付款支付条件是什么?
6. 简述工程月进度款支付程序。
7. 保留金的扣还要求是什么?
8. 竣工决算说明书包含内容是什么?

项目5　项目合同管理

任务1　案　例

1　案例1

某地方工程,发包人与承包人依据《水利水电土建施工合同条件》签订了施工承包合同,合同中的项目包括土方填筑和砌石护坡。其中土方填筑200万 m^3,单价为10元/m^3;砌石护坡10万 m^3,单价40元/m^3。合同规定:

(1)工程量清单中单项工程量的变化超过20%时按变更处理。

(2)工程施工计划为先填筑,填筑全部完成后再砌石护坡。

(3)发包人指定的采石场距工程现场10 km,开采条件可满足正常施工强度500 m^3/d。

在土方施工中,由于以下原因引起停工:

(1)由于发包人的原因,提供施工图纸推迟10 d时间。

(2)施工期间,10月6~15日工地连降大雨,属于不利自然条件,在降雨期间全部暂停施工。

(3)承包人的施工设备发生故障,主体施工发生施工暂停5 d。

土方填筑实际完成300万 m^3,经合同双方协商,对超过合同规定百分比的工程量,单价增加了3元/ m^3;土方填筑工程量的增加未延长填筑作业天数。

问题:

(1)施工方提出延长合同工期25 d,监理工程师应批准工程延期多少天?

(2)土方填筑应结算的工程款是多少?

2　案例2

某单位工程,8月6日监理工程师接到施工方索赔意向书,提出就以下问题向项目法人要求索赔:

(1)沟槽开挖,设计放坡系数为0.3,但承包商为了防止雨季造成塌方,开挖时加大了放坡系数,造成开挖土方量增加,要求项目法人支付增加土方费用。

(2)7月25~27日,由于非承包商原因,累计停电16 h,造成关键线路上的工作中断,承包商要求给予工期延长和费用补偿。

(3)7月30日下大雨,从本承包方的工地涌出一股水流淹没另一承包商的基坑,为了保证整个项目施工顺利进行,工程师指令本承包商排除积水,承包商提出由此发生的额外设备费和排水费由项目法人予以补偿。

任务2 学习内容

课前思考：

1. 监理合同中应该包含哪些内容？
2. 监理单位对施工合同如何管理？

1 合同基本知识

合同通常又被称为契约、合约、协议。《中华人民共和国合同法》对合同定义：合同是平等主体的自然人、法人、其他组织之间设立、变更、终止民事权利义务关系的协议。合同的实质为缔约各方当事人的合意。合同调整的对象是一种民事权利义务关系，且通常更多的与财产交易活动有关，即民事债权和债务关系。

1.1 合同基本内容

《中华人民共和国合同法》规定：合同的内容由当事人约定，一般应包括（非强制性）：当事人的名称或者姓名和住所、标的、数量、质量、价款或者报酬、履行期限、地点和方式、违约责任、解决争议的方法等条款。

（1）当事人的名称或者姓名和住所。合同主体可以是自然人、法人、其他组织，可以是中国的，也可以是外国的 。明确合同主体，对了解合同当事人的基本情况、合同履行和确定诉讼管辖具有重要意义。

（2）标的。标的是合同当事人双方权利和义务共同指向的对象。标的的表现形式为物、劳务、行为、智力成果、工程项目等。合同的标的必须明确，标的不明确的合同无法履行。

（3）数量。数量是衡量合同标的多少的尺度，以数字和计量单位来表示。签订合同时应注意写明计量单位。

（4）质量。质量是标的的内在品质和外观形态的综合指标。签订合同时必须明确质量标准，如适用的国家标准、地方标准等。对于强制性标准，当事人必须执行，合同约定标准不得低于相关强制性标准。

（5）价款或者报酬。价款或者报酬是由接收标的的合同当事人一方向交付标的的一方支付的货币。合同条款中应写明结算方式和结算方法等。

（6）履行期限、地点和方式。履行期限是当事人各方按照合同规定全面完成各自义务的时间。履行地点是当事人交付标的和支付价款或酬金的地点。

（7）违约责任。违约责任是任何一方当事人不履行或者不适当履行合同规定的义务而应当承担的法律责任。可以约定一方违约向另一方支付违约金的数额，或者违约金的计算方法。

（8）解决争议的方法。在合同履行过程中难免出现争议，应在合同中约定解决争议的办法；如果当事人希望通过仲裁作为解决争议的最终方式，必须在合同中约定仲裁条款。

1.2 合同示范文本

在合同当事人签订合同时往往因为缺少经验，合同条款中出现遗漏、矛盾、约定不清楚等缺陷，使合同履行过程中出现无法执行、理解歧义、责任不清，导致合同争议，甚至合同履行失败现象，违背签约双方的初衷。

为了避免以上问题，我国的有关建设行政主管部门和国家工商管理局，针对项目建设的不同类型合同，颁布了许多合同范本，以供当事人订立合同时参考使用。我国建设行政主管部门颁布的合同范本有《建设工程勘察合同》《建设工程设计合同》《建设工程施工合同》《建设工程监理合同》《建设工程施工专业分包合同》《建设工程施工劳务分包合同》等。水利部和国家电力公司等编制的合同范本有《水利水电土建工程施工合同条件》《水利工程施工监理合同示范文本》等。

在国际工程承包中，普遍采用 FIDIC 合同条件。“FIDIC”是国际咨询工程师联合会法语名称（Fédération Internationale Des Ingénieurs Conseils）的字头缩写，FIDIC 的本义是指国际咨询工程师联合会这一独立的国际组织，习惯上也指 FIDIC 条款或 FIDIC 方法。FIDIC（国际咨询工程师联合会）于 1913 年由欧洲五国独立的咨询工程师协会在比利时根特成立，现总部位于瑞士日内瓦。FIDIC 成立 100 年来对国际实施的工程建设项目起到了重要作用。该会编制的《业主与咨询工程师标准服务协议书》（白皮书）、《土木工程施工合同条件》（红皮书）、《电气与机械工程合同条件》（黄皮书）、《工程总承包合同条件》（桔黄皮书）被世界银行、亚洲开发银行等国际和区域发展援助金融机构作为实施项目的合同协议范本。

1.3 要约和承诺

当事人订立合同，采取要约、承诺方式。

（1）要约是希望和他人订立合同的意思表示。

（2）承诺是受要约人同意要约的意思表示。

要约是指一方当事人向另一方当事人提出订立合同的条件并希望对方能完全接受此条件的意思表述。发出要约的一方称为要约人，受领要约的一方称为受要约人。承诺是受要约人同意要约的意思表示。即受约人同意接受要约的全部条件而与要约人成立合同。如招标人采用招标投标形式选择施工、监理单位的，施工、监理单位递交的投标文件属于要约。而招标人发布的招标文件属于要约邀请。经过评标过程后，向中标方发出的中标通知书，属承诺。招投标人基于要约和承诺形成了施工合同、监理合同等。

1.4 合同效力

合同效力是法律赋予依法成立的合同所产生的约束力。合同的效力可分为四大类，即有效合同，无效合同，效力待定合同，可变更、可撤销合同。有效合同的合同效力的表现为：①合同对当事人的一般约束力。依法成立的合同，对当事人具有法律约束力。当事人应当按照约定履行自己的义务，不得擅自变更或者解除合同，必须全面履行，不履行或不适当履行合同义务，要承担违约责任。合同是一种法律文书，是解决双方纠纷的依据。②合同的效力范围。依法成立的合同，自成立时生效。合同的效力体现为双方当事人订立合同的效果意思产生的法律效力，每一个合同的效力都是特定的，各个合同之间的效力都是不相同的。

1.5 合同的形式

合同形式是当事人意思表示一致的外在表现。一般认为,合同形式可分为书面形式、口头形式和其他形式。书面形式是指合同书、信件和数据电文(包括电报、电传、传真、电子数据交换和电子邮件)等可以有形地表现所载内容的形式;口头形式是以口头语言形式表现合同内容的合同;其他内容有公证、审批、登记等形式。法律、行政法规规定应当采用书面形式或者当事人约定采用书面形式,应当采用书面形式。

1.6 合同订立原则

1.6.1 合法原则

合法原则即订立合同时,必须遵守法律和行政法规,服从法律、法规的规定和要求。合法原则的内容如下:

(1)合同当事人的主体资格要合法。

(2)合同的内容必须合法、真实。

(3)代理要合法。

(4)程序和形式合法。

1.6.2 平等、自愿原则

平等、自愿原则是合同法的重要原则,合同当事人以平等的地位通过协商,自愿确立和调整相互间的权利关系。

1.6.3 公平、诚实信用原则

在订立合同过程中,应遵循平等互利、协商一致的原则,满足地位平等、权利平等、意志平等的要求。当事人有订立或不订立合同的自由。

1.7 合同的生效和无效、可变更或撤销的合同

1.7.1 合同生效

合同生效是指合同对双方当事人的法律约束力的开始。合同生效的条件:

(1)当事人具有相应的民事权利能力和民事行为能力。

(2)意思表示真实。

(3)不违反法律和社会公共利益。

1.7.2 无效合同

《中华人民共和国合同法》规定,有下列情形之一的,合同无效:

(1)一方以欺诈、胁迫的手段订立合同,损害国家利益。

(2)恶意串通,损害国家、集体或者第三者利益。

(3)以合法形式掩盖非法目的。

(4)损害社会公共利益。

(5)违反法律、行政法规的强制性规定。

合同无效确认权归人民法院或者仲裁机构,合同当事人或其他任何机构均无权认定合同无效。

1.7.3 可以变更或撤销的合同条件

《中华人民共和国合同法》规定,有下列条件的合同,当事人一方有权请求人民法院或者仲裁机构变更或者撤销:

(1)因重大误解订立的合同。

(2)在订立合同时显失公平的。

一方以欺诈、胁迫的手段或者乘人之危,使对方在违背真实意思的情况下订立的合同,受损害方有权请求人民法院或者仲裁机构变更或者撤销。当事人请求变更的,人民法院或者仲裁机构不得撤销。

1.8 合同担保

合同当事人为了使合同能够得到全面按约履行,根据《中华人民共和国担保法》和相关行政法规的规定,经协商一致而采取的一种具有法律效力的保护措施。担保的方式有保证、抵押、质押、留置或定金。工程施工合同、监理合同通常采用保证的担保形式。设计合同采用定金担保形式。贷款合同采用抵押或质押担保形式。运输合同、加工承揽合同采用留置担保形式。保证担保形式是指保证人和债权人约定,当被保证人不履行义务时,保证人按约定代其履行义务或承担赔偿责任的担保行为。保证的形式有企业法人出具的担保 “保证书”或银行出具的担保“保函”。

2 监理合同的管理

监理合同的标的是“监理服务”,招标人选择中标人的基本原则是“基于能力的原则”。监理服务是监理单位的高智能投入,服务工作完成好坏不仅依赖于执行监理业务是否遵循了规范化管理程序,更多取决于参与监理工作人员的业务专长、经验、判断能力和创新想象能力,因此招标选择监理单位,鼓励能力竞争,而不是价格竞争。

委托监理业务的范围,可以从项目前期立项咨询、设计阶段、实施阶段、保修阶段的全部监理工作或某一阶段的监理工作。目前我国实施施工阶段监理较普遍,正在向全面实施监理发展。施工阶段监理工作可包括:协助委托人选择承包人,组织设计、施工、设备采购招标,技术监督和检查,施工管理等。

监理合同是工程发包人(委托人)将项目建设过程中与第三方所签订的合同中履行的管理任务,以合同形式委托监理人负责监督、协调、管理的合同。监理合同属《中华人民共和国合同法》规定的委托合同范畴。监理人接受委托在合同授权范围内代表委托人,对委托人与第三方所签订合同履行过程中的工程质量、工期和进度、建设资金使用等方面执行监理工作。

监理单位获得监理业务的方式有通过竞争(公开招标或邀请招标)、发包人的直接委托两种方式。

2.1 监理合同特点

2.1.1 服务型合同

监理人受聘于委托人为其与其他人签订的工程合同履行负责监督、管理、协调和服务。监理人凭借自己的知识、经验和技能在项目实施过程中为委托人服务。

2.1.2 非承包性合同

监理人不是建筑产品的直接生产者,因此监理人不向委托人承包工程造价,也不承包工期,对工程质量缺陷,监理人不负直接责任,监理人仅负责质量的控制和检验,保质保量按期完成工程是其他合同承包实施者的义务。

2.1.3 非经营性合同

工程建设涉及的合同大部分是经营性合同。一方面合同承包价格内含有合理的预期利润,再者实施过程中通过加强管理、采用先进技术尽可能降低成本,以获得更大利润。而监理人接受委托,不是以经营性盈利为目的,而是提供服务获得酬金,预期利润包括在签订的酬金内。

2.1.4 合同内包括有授权内容

监理合同中有明确的授权范围。委托人将自己在其他合同中某些管理权限授权给监理人。

2.2 监理合同示范文本

水利部和国家工商管理局颁布的《水利工程施工监理合同示范文本》(GF-2007-0211)是水利行业目前使用的合同示范文本。其内容包括施工监理合同书、通用合同条款、专用合同条款、附件四部分。其中通用合同条款中包括词语涵义及适用语言、监理依据、通知和联系、委托人的权利、监理人的权利、委托人的义务、监理人的义务、监理服务酬金、合同变更与终止、违约责任、争议的解决、其他几个部分。

住房和城乡建设部和国家工商行政管理局颁布的《建设工程委托监理合同示范文本》(GF 2012—0202)是我国目前房屋建筑和市政工程等方面使用的监理合同示范文本。其内容包含协议书、建设工程委托监理合同通用条件、建设工程委托监理合同专用条件三个文件。通用条件中包括24个部分。

以上两种示范文本中的通用合同条款或建设工程委托监理合同通用条件的内容涵盖了合同中所用词语定义,适用范围和法规,签约双方的责任、权利和义务,合同生效变更与终止,监理报酬,争议的解决,以及其他一些情况。具有普遍性、适用性,适用于水利工程建设监理和其他建设工程项目监理,签订合同时不作任何修改直接引入合同中。但由于各行业和专业项目有各自的特点,通用条款中的某些条款规定比较笼统,需要在签订具体工程项目监理合同时,结合地域特点、专业特点和委托监理项目的工程特点,对其中的某些条款进行补充、修正,这就是合同专用条款。专用条款是对通用条款的具体和完善。

2.3 监理合同的履行管理(水利工程监理合同为例)

2.3.1 委托人的义务

项目法人作为监理合同的委托人,需履行以下义务:

(1)外部协调。

(2)与监理人做好配合工作。授权一位熟悉建设工程情况,并能迅速作出决定的常驻代表,对监理人书面要求做出决定的事宜做出书面决定。

(3)为监理人顺利履行合同义务做好协助工作。

(4)维护监理机构工作的独立性,不干涉监理机构正常开展监理业务,不擅自作出有悖于监理机构在合同授权范围内所作出的指示的决定;未经监理机构签字确认,不得支付工程款。

2.3.2 监理人的义务

(1)实施期间监理人员有变化的,应当及时通知承包人。更换总监理工程师和其他主要监理人员应征得委托人同意。

(2)尽职尽责履行监理义务(委托监理范围内的三控制三管理一协调工作)。

(3)遵守保密义务。

(4)维护委托人的合法权益。

(5)公平地处理项目实施过程中发生的有关问题。监理人不是被监理合同(如工程建设施工合同)的当事人,但在相应的被监理合同中均有条款规定了监理人在该合同履行中的管理地位。标准条件规定:在委托工程范围内,委托人或承包人对对方的任何意见和要求,均必须首先向监理机构提出,由监理机构研究处置意见,再同双方协商确定。

2.3.3 监理服务酬金

监理服务一般可分为正常服务和附加服务。正常服务指监理人按照合同约定的监理范围、内容和期限所提供的服务。附加服务指监理人为委托人提供正常服务以外的服务。监理服务酬金指合同中监理人完成正常服务、附加服务应得到的正常服务酬金和附加服务酬金。

在合同专用条款中规定了监理服务酬金的支付时间和支付方式。

除不可抗力外,有下列情形之一且由此引起监理工作量增加或服务期限延长时,均应视为监理机构的附加服务,监理人应得到监理附加服务酬金:

(1)由于委托人、第三方责任、设计变更及不良地质条件等非监理人原因致使正常的监理服务受到阻碍或延误;

(2)在本合同履行过程中,委托人要求监理机构完成监理合同约定范围和内容以外的服务;

(3)由于非监理人原因暂停或终止监理业务时,其善后工作或恢复执行监理业务的工作。

监理人完成附加服务应得到的酬金,按专用合同条款约定的方法或监理补充协议计取和支付。

2.3.4 违约责任

在合同责任期内,如果监理人未按合同要求的职责勤恳认真服务;或者委托人违背了他对监理人的责任时,均应向对方承担赔偿责任。委托人违约应承担因违约对监理人造成的经济损失;因监理人过失造成经济损失,应向委托人进行赔偿,累积赔偿额不应超出监理酬金总额(除去税金)(注在《建设工程委托监理合同示范文本》(GF 2012-0202)中规定了“因监理人违反本合同约定给委托人造成损失的,监理人应当赔偿委托人损失”,没有限定赔偿最高限额)。监理人的责任限度:在责任期内,如果因监理人过失造成经济损失,要负监理失职责任,监理人不对责任期以外发生的任何事情所引起的损失和损害负责,也不对第三方违反合同规定的质量要求和完工时限承担责任。

2.3.5 监理合同文件的组成和解释顺序

监理合同文件的组成如下,排于前的,解释顺序优先:

(1)监理合同书(含补充协议)。

(2)中标通知书。

(3)投标报价书。

(4)专用合同条款。

(5)通用合同条款。

(6)监理大纲。

(7)双方确认需进入合同的其他文件。

2.4 《建设工程委托监理合同示范文本》(GF 2012 - 0202)中规定监理人应该完成的22项监理工作

(1)收到工程设计文件后编制监理规划,并在第一次工地会议7 d前报委托人。根据有关规定和监理工作需要,编制监理实施细则。

(2)熟悉工程设计文件,并参加由委托人主持的图纸会审和设计交底会议。

(3)参加由委托人主持的第一次工地会议,主持监理例会并根据工程需要主持或参加专题会议。

(4)审查施工承包人提交的施工组织设计,重点审查其中的质量安全技术措施、专项施工方案与工程建设强制性标准的符合性。

(5)检查施工承包人工程质量、安全生产管理制度及组织机构和人员资格。

(6)检查施工承包人专职安全生产管理人员的配备情况。

(7)审查施工承包人提交的施工进度计划,核查承包人对施工进度计划的调整。

(8)检查施工承包人的试验室。

(9)审核施工分包人资质条件。

(10)查验施工承包人的施工测量放线成果。

(11)审查工程开工条件,对条件具备的签发开工令。

(12)审查施工承包人报送的工程材料、构配件、设备质量证明文件的有效性和符合性,并按规定对用于工程的材料采取平行检验或见证取样方式进行抽检。

(13)审核施工承包人提交的工程款支付申请,签发或出具工程款支付证书,并报委托人审核、批准。

(14)在巡视、旁站和检验过程中,发现工程质量、施工安全存在事故隐患的,要求施工承包人整改并报委托人。

(15)经委托人同意,签发工程暂停令和复工令。

(16)审查施工承包人提交的采用新材料、新工艺、新技术、新设备的论证材料及相关验收标准。

(17)验收隐蔽工程、分部分项工程。

(18)审查施工承包人提交的工程变更申请,协调处理施工进度调整、费用索赔、合同争议等事项。

(19)审查施工承包人提交的竣工验收申请,编写工程质量评估报告。

(20)参加工程竣工验收,签署竣工验收意见。

(21)审查施工承包人提交的竣工结算申请并报委托人。

(22)编制、整理工程监理归档文件并报委托人。

2.5 施工合同管理

2.5.1 施工合同的分类(按计价方式划分)

以计价方式进行划分,施工合同可分为以下几种。

2.5.1.1 总价合同

总价合同是指在合同中确定一个完成项目的总价,承包单位据此完成项目全部内容的合同。它可分为固定总价合同和可变总价合同。固定总价合同适于招标时设计图纸齐全完整、工程项目范围和工程量清楚,合同履行中不会有多大变更,工程规模小、技术不复杂,履行期短的合同;可变总价合同,在固定总价的基础上,在合同条款中有在履行过程中因市场价格变动对合同价款的调整条款。不可抗力风险由项目法人承担,工程量出入风险由承包商承担。

采用这种合同类型要求建设单位必须准备详细而全面的设计图纸(一般要求施工详图)和各项说明,使承包单位能准确计算工程量。

2.5.1.2 单价合同

单价合同是承包单位在投标时,按招标文件列出的分部分项工程工程量表确定各分部分项工程费用的合同类型。它可分为估算工程量单价合同和纯单价合同。估算工程量单价合同,由项目法人提供估算工程量,承包商在投标时以工程量报价单所列工作内容、工程量计算合同总价,单价固定、总价作为评标所用,工程实施中按实际完成工程量结算。纯单价合同,项目法人在招标文件中仅提供招标工程工作内容,不提供工程量,承包商报单价,实施中按实际完成工程量结算。

单价合同的适用范围比较广,其风险可以得到合理的分担,并且能鼓励承包单位通过提高工效等手段从成本节约中提高利润。这类合同能够成立的关键在于双方对单价和工程量计算方法的确认。在合同履行中需要注意的问题则是双方对实际工程量计量的确认。水利工程施工合同大多为估算工程量单价合同。

2.5.1.3 成本加酬金合同

成本加酬金合同,是指由项目法人向承包单位支付工程项目的实际成本,并按事先约定的某一种方式支付酬金的合同类型。它可分为成本加固定百分比酬金合同、成本加固定酬金合同、成本加浮动酬金合同、目标成本加奖罚合同。

在这类合同中,项目法人需承担项目实际发生的一切费用,因此也就承担了项目的全部风险。而承包单位由于无风险,其报酬往往也较低。这类合同的缺点是项目法人对工程总造价不易控制,承包商也往往不注意降低项目成本。这类合同主要适用于以下项目:

(1)需要立即开展工作的项目,如震后的救灾工作。

(2)新型的工程项目,或对项目工程内容及技术经济指标未确定。

(3)风险很大的项目。

2.5.2 施工合同文件的组成及解释顺序

施工合同文件的内容组成及解释顺序如下,排列于前的,解释顺序优先:

(1)合同协议书。

(2)中标通知书。

(3)投标函及投标函附录。

(4)专用合同条款。

(5)通用合同条款。

(6)技术标准和要求。

(7)图纸。

(8)已标价工程量清单。

(9)其他合同文件。双方有关工程的洽商、变更等书面协议或文件视为协议书的组成部分。

2.5.3 合同管理涉及的有关方

2.5.3.1 发包人

发包人指在协议书中约定,具有工程发包主体资格和支付工程价款能力的当事人以及取得该当事人资格的合法继承人。

2.5.3.2 承包人

承包人指在协议书中约定,被发包人接受具有工程施工承包主体资格的当事人以及取得该当事人资格的合法继承人。

2.5.3.3 监理人

监理人指在专用合同条款中指明的,受发包人委托对合同履行实施管理的法人或其他组织。总监理工程师(总监)是由监理人委派常驻施工场地对合同履行实施管理的全权负责人。

2.5.3.4 承包人项目经理

承包人项目经理是指承包人派驻施工场地的全权负责人。承包人应按合同约定指派项目经理,并在约定的期限内到职。承包人更换项目经理应事先征得发包人同意,并应在更换 14 d 前通知发包人和监理人。承包人项目经理短期离开施工场地,应事先征得监理人同意,并委派代表代行其职责。

2.5.4 监理人对施工合同管理职责

总监理工程师应负责全面履行监理合同中所规定监理单位的职责。发包人应在发出开工通知前将总监理工程师任命通知承包人。总监理工程师更换时,应在调离 14 d 前通知承包人。

《水利水电工程标准施工招标文件》规定监理人的职责和权利有:

(1)监理人受发包人的委托,享有合同约定的权力。监理人的权力范围在专用合同条款中明确。当监理人认为出现了危及生命、工程或毗邻财产等安全的紧急事件时,在不免除合同约定的承包人责任的情况下,监理人可以指示承包人实施为消除或减少这种危险所必须进行的工作,即使没有发包人的事先批准,承包人也应立即遵照执行。监理人应按合同约定增加相应的费用,并通知承包人。

(2)监理人发出的任何指示应视为已得到发包人的批准,但监理人无权免除或变更合同约定的发包人和承包人的权利、义务和责任。

(3)合同约定应由承包人承担的义务和责任,不因监理人对承包人提交文件的审查或批准,对工程、材料和设备的检查和检验,以及为实施监理作出的指示等职务行为而减轻或解除。

2.5.5　施工阶段的合同管理

2.5.5.1　施工图纸

发包人应按技术标准和要求(合同技术条款)(下称技术标准)约定的期限和数量将施工图纸以及其他图纸(包括配套说明和有关资料)提供给承包人。由于发包人未按时提供图纸造成工期延误的,应按约定承担责任。由承包人提供的文件应按技术标准约定的期限和数量提供给监理人。监理人应按技术标准约定的期限批复承包人。

设计人需要对已发给承包人的施工图纸进行修改时,应通知发包人,由监理人在技术标准约定的期限内签发施工图纸的修改图给承包人。承包人应按技术标准约定编制一份承包人实施计划提交监理人批准后执行。

承包人发现发包人提供的图纸存在明显错误或疏忽,应及时通知监理人。

这里应注意列入合同的招标图纸已成为合同文件的一部分,具有合同效力,主要用于在履行合同过程中作为衡量变更的依据,但不能直接用于施工。经发包人确认进入合同的投标图纸亦成为合同文件的一部分,用于在履行合同中检验承包人是否按其投标时承诺的条件进行施工的依据,亦不能直接用于施工。

2.5.5.2　发包人的义务

发包人的义务包括发出开工通知、提供施工场地、组织设计交底、支付合同价款、组织竣工验收等。

2.5.5.3　承包人的义务

(1)一般义务。包括:完成各项承包任务,对施工作业和施工方法的完备性负责,保证工程施工和人员安全,负责施工场地及周边环境与生态的保护工作,避免对公众与他人的利益造成损害,工程维护和照管。

(2)分包。分包分为工程分包和劳务作业分包。承包人不得将其承包的全部工程转包给第三人,或将其肢解后以分包名义转包给第三人。承包人不得将工程主体、关键性工作分包给第三人。除专用合同条款另有约定外,未经发包人同意,承包人不得将工程的其他部分或工作分包给第三人。承包人应与分包人就分包工程向发包人承担连带责任。

工程分包应遵循合同约定或者经发包人书面认可,禁止违法分包。分包人应具备与分包工程规模和标准相适应的资质和业绩,在人力、设备、资金等方面具有承担分包工程施工的能力,分包人应自行完成所承包的任务。

指定分包人:在合同实施过程中,如承包人无力在合同规定的期限内完成合同中的应急防汛、抢险等危及公共安全和工程安全的项目,发包人可对该应急防汛、抢险等项目的部分工程指定分包人。因非承包人原因形成指定分包条件的,发包人的指定分包不应增加承包人的额外费用;因承包人原因形成指定分包条件的,承包人应承担指定分包所增加的费用。由指定分包人造成的与其分包工作有关的一切索赔、诉讼和损失赔偿由指定分包人直接对发包人负责,承包人不对此承担责任。

(3)承包人人员管理。承包人应在接到开工通知后28 d内,向监理人提交承包人在施工场地的管理机构以及人员安排的报告。为完成合同约定的各项工作,承包人应向施工场地派遣或雇用足够数量具有相应资格管理人员、技术人员、技工和普工。施工中承包人安排在施工场地的主要管理人员和技术骨干应相对稳定。承包人更换主要管理人员和技术骨干时,应取得监理人的同意。特殊岗位工作人员应持有相应资格证明。

(4)撤换项目经理和其他人员。监理人要求撤换不能胜任本职工作、行为不端或玩忽职守的承包人项目经理和其他人员,承包人应予撤换。

(5)不利物质条件。除专用合同条款另有约定外,不利物质条件是指在施工中遭遇不可预见的外界障碍或自然条件造成的施工受阻。承包人遇到不利物质条件时,应采取适应不利物质条件的合理措施继续施工,并及时通知监理人。承包人有权根据合同条款约定,要求延长工期及增加费用。监理人收到此类要求后,应在分析上述外界障碍或自然条件是否不可预见及不可预见程度的基础上,按照通用合同条款的约定办理。

2.5.5.4 材料和工程设备

运入施工场地的材料和工程设备,必须专用于合同工程,未经监理人同意不得运出施工场地或挪作他用。

(1)承包人提供的材料和工程设备。

承包人应对其采购的材料和工程设备负责;承包人应向监理人提交其负责提供的材料和工程设备的质量证明文件,并满足合同约定的质量标准。承包人应会同监理人进行检验和交货验收,查验材料合格证明和产品合格证书,并按合同约定和监理人指示,进行材料的抽样检验和工程设备的检验测试,检验和测试结果应提交监理人,所需费用由承包人承担。

(2)发包人提供的材料和工程设备。

发包人提供的材料和工程设备,应在专用合同条款中写明材料和工程设备的名称、规格、数量、价格、交货方式、交货地点和计划交货日期等。承包人应根据合同进度计划的安排,向监理人报送要求发包人交货的日期计划。发包人应按照监理人与合同双方当事人商定的交货日期,向承包人提交材料和工程设备。发包人提供的材料和工程设备运至交货地点验收后,由承包人负责接收、卸货、运输和保管。发包人提供的材料和工程设备的规格、数量或质量不符合合同要求,或由于发包人原因发生交货日期延误及交货地点变更等情况的,发包人应承担由此增加的费用和(或)工期延误,并向承包人支付合理利润。

(3)禁止使用不合格的材料和工程设备。

监理人有权拒绝承包人提供的不合格材料或工程设备,并要求承包人立即进行更换。监理人应在更换后再次进行检查和检验,由此增加的费用和(或)工期延误由承包人承担。监理人发现承包人使用了不合格的材料和工程设备,应即时发出指示要求承包人立即改正,并禁止在工程中继续使用不合格的材料和工程设备。

发包人提供的材料或工程设备不符合合同要求的,承包人有权拒绝,并可要求发包人更换,由此增加的费用和(或)工期延误由发包人承担。

2.5.5.5 施工安全、环境保护

(1)承包人施工安全责任。

承包人应按合同约定履行安全职责,执行监理人有关安全工作的指示,编制施工安全技术措施提交监理人审批。

承包人应加强施工作业安全管理,特别应加强易燃易爆材料、火工器材、有毒与腐蚀性材料和其他危险品的管理,以及对爆破作业和地下工程施工等危险作业的管理。

承包人应严格按照国家安全标准制定施工安全操作规程,配备必要的安全生产和劳动保护设施,加强对承包人人员的安全教育,并发放安全工作手册和劳动保护用具。制订应对灾害的紧急预案,报送监理人审批。承包人还应按预案做好安全检查,配置必要的救助物资和器材。

承包人应对其履行合同所雇用的全部人员,包括分包人人员的工伤事故承担责任,但由于发包人原因造成承包人人员工伤事故的,应由发包人承担责任。

由于承包人原因在施工场地内及其毗邻地带造成的第三者人员伤亡和财产损失,由承包人负责赔偿。

承包人已标价工程量清单应包含工程安全作业环境及安全施工措施所需费用。

(2)环境保护。

承包人应按合同约定的环保工作内容,编制施工环保措施计划,报送监理人审批;应按照批准的施工环保措施计划有序地堆放和处理施工废弃物,避免对环境造成破坏;应按合同约定采取有效措施,对施工开挖的边坡及时进行支护,维护排水设施,并进行水土保护,避免因施工造成的地质灾害。应按国家饮用水管理标准定期对饮用水水源进行监测,防止施工活动污染饮用水源。应按合同约定,加强对噪声、粉尘、废气、废水和废油的控制,努力降低噪声,控制粉尘和废气浓度,做好废水和废油的治理和排放。

2.5.5.6 进度计划

承包人应按技术标准和要求(合同技术条款)约定的内容和期限以及监理人的指示,编制详细的施工总进度计划及其说明提交监理人审批。经监理人批准的施工进度计划称为合同进度计划,它是控制合同工程进度的依据。承包人还应根据合同进度计划,编制更为详细的分阶段或单位工程或分部工程进度计划,报监理人审批。无论何种原因,施工的进度计划与实际不符,承包人应按监理人要求在规定的时间提交修订的合同进度计划。

2.5.5.7 开工

监理人应在开工日期7 d前向承包人发出开工通知,监理人在发出开工通知前应获得发包人同意。工期自监理人发出的开工通知中载明的开工日期起计算。承包人应按约定的合同进度计划,向监理人提交工程开工报审表,经监理人审批后执行。

若发包人未能按合同约定向承包人提供开工的必要条件,承包人有权要求延长工期。监理人应在收到承包人的书面要求后,按合同约定,与合同双方商定或确定增加的费用和延长的工期。

承包人在接到开工通知后14 d内未按进度计划要求及时进场组织施工,监理人可通知承包人在接到通知后7 d内提交一份说明其进场延误原因的书面报告,报送监理人。书面报告应说明不能及时进场的原因和补救措施,由此增加的费用和工期延误责任由承包人承担。

2.5.5.8 支付工程预付款

合同约定有工程预付款时,发包人应该按规定的时间和数额支付预付款,预付时间不迟于约定的开工日期前7 d。

2.5.5.9 工期延误和提前

(1)发包人造成的工期延误。

①增加合同工作内容。

②改变合同中任何一项工作的质量要求或其他特性。

③发包人迟延提供材料、工程设备或变更交货地点的。

④因发包人原因导致的暂停施工。

⑤提供图纸延误。

⑥未按合同约定及时支付预付款、进度款。

⑦发包人造成工期延误的其他原因。

无论以上何种原因,承包人提出延长合同工期申请,监理人应按规定合理予以延长;或不予延长,给予承包人赶工费用补偿。

(2)承包人的工期延误。

由于承包人原因,未能按合同进度计划完成工作,或监理人认为承包人施工进度不能满足合同工期要求的,承包人应采取措施加快进度,并承担加快进度所增加的费用。由于承包人原因造成工期延误,承包人应支付逾期竣工违约金。逾期竣工违约金的计算方法在合同专用条款中约定。承包人支付逾期竣工违约金,不免除承包人完成工程及修补缺陷的义务。

(3)工期提前。

发包人要求承包人提前完工,或承包人提出提前完工的建议能够给发包人带来效益的,应由监理人与承包人共同协商采取加快工程进度的措施和修订合同进度计划。发包人应承担承包人由此增加的费用,并向承包人支付专用合同条款约定的相应奖金。

发包人要求提前完工的,双方协商一致后应签订提前完工协议,包含给予承包人赶工费用补偿。

2.6 工程质量方面合同管理

2.6.1 工程质量要求及责任

(1)工程质量验收按合同约定的验收标准执行。

(2)因承包人原因造成工程质量达不到合同约定验收标准的,监理人有权要求承包人返工直至符合合同要求,由此造成的费用增加和(或)工期延误由承包人承担。

(3)因发包人原因造成工程质量达不到合同约定验收标准的,发包人应承担由于承包人返工造成的费用增加和(或)工期延误,并支付承包人合理利润。

2.6.2 承包人对工程质量的外在保障

承包人应在施工场地设置专门的质量检查机构,配备专职质量检查人员,建立完善的质量检查制度。承包人应按技术标准和要求(合同技术条款)约定的内容和期限,编制工程质量保证措施文件,包括质量检查机构的组织和岗位责任、质量检查人员的组成、质量检查程序和实施细则等,提交监理人审批。监理人应在技术标准和要求(合同技术条款)约定的期限内批复承包人。

承包人应按合同约定对材料、工程设备以及工程的所有部位及其施工工艺进行全过程的质量检查和检验,并作详细记录,编制工程质量报表,报送监理人审查。

2.6.3 监理人的质量控制权力

监理人有权对工程的所有部位及其施工工艺、材料和工程设备进行检查和检验。承包人应为监理人的检查和检验提供方便，包括监理人到施工场地，或制造、加工地点，或合同约定的其他地方进行察看和查阅施工原始记录。承包人还应按监理人指示，进行施工场地取样试验、工程复核测量和设备性能检测，提供试验样品、提交试验报告和测量成果以及监理人要求进行的其他工作。监理人的检查和检验，不免除承包人按合同约定应负的责任。

2.6.4 工程隐蔽部位覆盖前的检查

2.6.4.1 通知监理人检查

经承包人自检确认的工程隐蔽部位具备覆盖条件后，承包人应通知监理人在约定的期限内检查。承包人的通知应附有自检记录和必要的检查资料。监理人应按时到场检查。经监理人检查确认质量符合隐蔽要求，并在检查记录上签字后，承包人才能进行覆盖。监理人检查确认质量不合格的，承包人应在监理人指示的时间内修整返工后，由监理人重新检查。

2.6.4.2 监理人未到场检查

监理人未按上项约定的时间进行检查的，除监理人另有指示外，承包人可自行完成覆盖工作，并作相应记录报送监理人，监理人应签字确认。监理人事后对检查记录有疑问的，可按 2.6.4.3 监理人重新检查的约定重新检查。

2.6.4.3 监理人重新检查

无论监理人是否到场检验，监理人对已覆盖工程隐蔽部位质量有疑问的，可要求承包人对已覆盖的部位进行钻孔探测或揭开重新检验，承包人应遵照执行，并在检验后重新覆盖恢复原状。经检验证明工程质量符合合同要求的，由发包人承担由此增加的费用和(或)工期延误，并支付承包人合理利润；经检验证明工程质量不符合合同要求的，由此增加的费用和(或)工期延误由承包人承担。

2.6.4.4 承包人私自覆盖

承包人未通知监理人到场检查，私自将工程隐蔽部位覆盖的，监理人有权指示承包人钻孔探测或揭开检查，由此增加的费用和(或)工期延误由承包人承担。

2.6.5 清除不合格工程

(1)承包人使用不合格材料、工程设备，或采用不适当的施工工艺，或施工不当，造成工程不合格的，监理人可以随时发出指示，要求承包人立即采取措施进行补救，直至达到合同要求的质量标准，由此增加的费用和(或)工期延误由承包人承担。

(2)由于发包人提供的材料或工程设备不合格造成的工程不合格，需要承包人采取措施补救的，发包人应承担由此增加的费用和(或)工期延误，并支付承包人合理利润。

2.6.6 材料、工程设备和工程的试验和检验

承包人应按合同约定进行材料、工程设备和工程的试验和检验，并为监理人对上述材料、工程设备和工程的质量检查提供必要的试验资料和原始记录。

监理人对承包人的试验和检验结果有疑问的，或为查清承包人试验和检验成果的可靠性要求承包人重新试验和检验的，可按合同约定由监理人与承包人共同进行。重新试验和检验的结果证明该项材料、工程设备或工程的质量不符合合同要求的，由此增加的费用和(或)工期延误由承包人承担；重新试验和检验结果证明该项材料、工程设备和工程

符合合同要求,由发包人承担由此增加的费用和(或)工期延误,并支付承包人合理利润。

2.7 工程变更

2.7.1 变更的范围和内容

在履行合同中发生以下情形之一,应进行变更:

(1)取消合同中任何一项工作,但被取消的工作不能转由发包人或其他人实施。

(2)改变合同中任何一项工作的质量或其他特性。

(3)改变合同工程的基线、标高、位置或尺寸。

(4)改变合同中任何一项工作的施工时间或改变已批准的施工工艺或顺序。

(5)为完成工程需要追加的额外工作。

(6)增加或减少专用合同条款中约定的关键项目工程量超过其工程总量的一定数量百分比。

2.7.2 变更权

在履行合同过程中,经发包人同意,监理人可按合同通用条款约定的变更程序向承包人作出变更指示,承包人应遵照执行。没有监理人的变更指示,承包人不得擅自变更。

变更指示只能由监理人发出。变更指示应说明变更的目的、范围、变更内容以及变更的工程量及其进度和技术要求,并附有关图纸和文件。承包人收到变更指示后,应按变更指示进行变更工作。

2.7.3 变更费用及工期

(1)除专用合同条款对期限另有约定外,承包人应在收到变更指示或变更意向书后的14 d内,向监理人提交变更报价书,报价内容应根据变更估价原则,详细开列变更工作的价格组成及其依据,并附必要的施工方法说明和有关图纸。

(2)变更工作影响工期的,承包人应提出调整工期的具体细节。监理人认为有必要时,可要求承包人提交要求提前或延长工期的施工进度计划及相应施工措施等详细资料。

(3)除专用合同条款对期限另有约定外,监理人收到承包人变更报价书后的14 d内,根据约定的估价原则,商定或确定变更价格。

2.7.4 变更的估价原则

除专用合同条款另有约定外,因变更引起的价格调整按照以下约定处理:

(1)已标价工程量清单中有适用于变更工作子目的,采用该子目的单价。

(2)已标价工程量清单中无适用于变更工作子目的,但有类似子目的,可在合理范围内参照类似子目的单价,由监理人同有关方商定或确定变更工作的单价。

(3)已标价工程量清单中无适用或类似子目的单价,可按照成本加利润的原则,由监理人按规定商定或确定变更工作的单价。

2.8 投资方面合同管理

2.8.1 暂列金额

暂列金额只能按照监理人的指示使用,并对合同价格进行相应调整。

2.8.2 计日工

(1)发包人认为有必要时,由监理人通知承包人以计日工方式实施变更的零星工作。其价款按列入已标价工程量清单中的计日工计价子目及其单价进行计算。

(2)采用计日工计价的任何一项变更工作，应从暂列金额中支付，承包人应在该项变更的实施过程中，每天提交报表和有关凭证报送监理人审批。

(3)计日工由承包人汇总后，按(2)的约定列入进度付款申请单，由监理人复核并经发包人同意后列入进度付款。

2.8.3 物价波动引起的价格调整

由于物价波动引起合同价格需要调整的，其价格调整方式在专用合同条款中约定。调整价格的方法有两种：一种是公式法调整物价波动价差，另一种是采用造价信息调整价格差额的方法。

2.8.4 结算工程量

(1)结算工程量是承包人实际完成的，并按合同约定的计量方法进行计量的工程量。

(2)承包人对已完成的工程进行计量，向监理人提交进度付款申请单、已完成工程量报表和有关计量资料。

(3)监理人对承包人提交的工程量报表进行复核，以确定实际完成的工程量。对数量有异议的，可要求承包人与监理人按约定共同复核和抽样复测。承包人应协助监理人进行复核并按监理人要求提供补充计量资料。承包人未按监理人要求参加复核，监理人复核或修正的工程量视为承包人实际完成的工程量。

2.8.5 预付款支付与扣还

预付款用于承包人为合同工程施工购置材料、工程设备、施工设备、修建临时设施以及组织施工队伍进场等，分为工程预付款和工程材料预付款。预付款必须专用于合同工程。预付款的额度和预付办法在专用合同条款中约定。

(1)承包人应在收到第一次工程预付款的同时向发包人提交工程预付款担保，担保金额应与第一次工程预付款金额相同，工程预付款担保在第一次工程预付款被发包人扣回前一直有效。

(2)工程材料预付款的担保在专用合同条款中约定。

(3)预付款担保的担保金额可根据预付款扣回的金额相应递减。

预付款在进度付款中扣回，扣回与还清办法在专用合同条款中约定。在颁发合同工程完工证书前，由于不可抗力或其他原因解除合同时，预付款尚未扣清的，尚未扣清的预付款余额应作为承包人的到期应付款。

2.8.6 工程进度付款

2.8.6.1 付款周期

付款周期同计量周期。

2.8.6.2 进度付款申请单

承包人应在每个付款周期末，按监理人批准的格式和专用合同条款中约定的份数，向监理人提交进度付款申请单，并附相应的支持性证明文件。除专用合同条款另有约定外，进度付款申请单应包括下列内容：

(1)截至本次付款周期末已实施工程的价款。

(2)应增加和扣减的变更金额。

(3)应增加和扣减的索赔金额。

(4)按约定应支付的预付款和扣减的返还预付款。

(5)按约定应扣减的质量保证金。

(6)根据合同应增加和扣减的其他金额。

2.8.6.3 进度付款证书和支付时间

(1)监理人在收到承包人进度付款申请单以及相应的支持性证明文件后的14 d内完成核查,提出发包人到期应支付给承包人的金额以及相应的支持性材料,经发包人审查同意后,由监理人向承包人出具经发包人签认的进度付款证书。监理人有权扣发承包人未能按照合同要求履行任何工作或义务的相应金额。

(2)发包人应在监理人收到进度付款申请单后的28 d内,将进度应付款支付给承包人。发包人不按期支付的,按专用合同条款的约定支付逾期付款违约金。

(3)监理人出具进度付款证书,不应视为监理人已同意、批准或接受了承包人完成的该部分工作。

(4)进度付款涉及政府投资资金的,按照国库集中支付等国家相关规定和专用合同条款的约定办理。

(5)工程进度付款的修正。在对以往历次已签发的进度付款证书进行汇总和复核中发现错、漏或重复的,监理人有权予以修正,承包人也有权提出修正申请。经双方复核同意的修正,应在本次进度付款中支付或扣除。

2.8.6.4 质量保证金

(1)监理人应从第一个工程进度付款周期开始,在发包人的进度付款中,按专用合同条款的约定扣留质量保证金,直至扣留的质量保证金总额达到专用合同条款约定的金额或比例。质量保证金的计算额度不包括预付款的支付与扣回金额。

(2)合同工程完工证书颁发后14 d内,发包人将质量保证金总额的一半支付给承包人。在约定的缺陷责任期(工程质量保修期)满时,发包人将在30个工作日内会同承包人按照合同约定的内容核实承包人是否完成保修责任。如无异议,发包人应当在核实后将剩余的质量保证金支付给承包人。

(3)在约定的缺陷责任期满时,承包人没有完成缺陷责任的,发包人有权扣留与未履行责任剩余工作所需金额相应的质量保证金余额,并有权根据约定要求延长缺陷责任期,直至完成剩余工作。

2.9 竣工结算(完工结算)及缺陷责任期

2.9.1 竣工(完工)付款申请单

(1)承包人应在合同工程完工证书颁发后28 d内,按专用合同条款约定的份数向监理人提交完工付款申请单,并提供相关证明材料。

(2)监理人对完工付款申请单有异议的,有权要求承包人进行修正和提供补充资料。经监理人和承包人协商后,由承包人向监理人提交修正后的完工付款申请单。

2.9.2 竣工(完工)付款证书及支付时间

(1)监理人在收到承包人提交的完工付款申请单后的14 d内完成核查,提出发包人到期应支付给承包人的价款送发包人审核并抄送承包人。发包人应在收到后14 d内审核完毕,由监理人向承包人出具经发包人签认的完工付款证书。

(2)发包人应在监理人出具完工付款证书后的14 d内,将应支付款支付给承包人。

(3)承包人对发包人签认的完工付款证书有异议的,发包人可出具完工付款申请单中承包人已同意部分的临时付款证书。

(4)完工付款涉及政府投资资金的,按约定办理。

2.9.3 最终结清

2.9.3.1 最终结清申请单

(1)工程质量保修责任终止证书签发后,承包人应按监理人批准的格式提交最终结清申请单。

(2)发包人对最终结清申请单内容有异议的,有权要求承包人进行修正和提供补充资料,由承包人向监理人提交修正后的最终结清申请单。

2.9.3.2 最终结清证书和支付时间

(1)监理人收到承包人提交的最终结清申请单后的14 d内,提出发包人应支付给承包人的价款送发包人审核并抄送承包人。发包人应在收到后14 d内审核完毕,由监理人向承包人出具经发包人签认的最终结清证书。

(2)发包人应在监理人出具最终结清证书后的14 d天内,将应支付款支付给承包人。

(3)承包人对发包人签认的最终结清证书有异议的,按约定办理。

(4)最终结清付款涉及政府投资资金的,按约定办理。

2.9.4 竣工财务决算

发包人负责编制本工程项目竣工财务决算,承包人应按专用合同条款的约定提供竣工财务决算编制所需的相关材料。

工程验收工作按主持单位分为法人验收和政府验收。法人验收和政府验收的类别在专用合同条款中约定。除专用合同条款另有约定外,法人验收由发包人主持。承包人应完成法人验收和政府验收的配合工作,所需费用应含在已标价工程量清单中。

2.9.5 缺陷责任期(工程质量保修期)的起算时间

除专用合同条款另有约定外,缺陷责任期(工程质量保修期)从工程通过合同工程完工验收后开始计算。在合同工程完工验收前,已经发包人提前验收的单位工程或部分工程,若未投入使用,其缺陷责任期(工程质量保修期) 亦从工程通过合同工程完工验收后开始计算;若已投入使用,其缺陷责任期(工程质量保修期)从通过单位工程或部分工程投入使用验收后开始计算。缺陷责任期(工程质量保修期)的期限在专用合同条款中约定。

2.10 不可抗力

2.10.1 不可抗力的确认

(1)不可抗力是指承包人和发包人在订立合同时不可预见,在工程施工过程中不可避免发生并不能克服的自然灾害和社会性突发事件,如地震、海啸、瘟疫、水灾、骚乱、暴动、战争和专用合同条款约定的其他情形。

(2)不可抗力发生后,发包人和承包人应及时认真统计所造成的损失,收集不可抗力造成损失的证据。合同双方对是否属于不可抗力或其损失的意见不一致的,由监理人按合同约定商定或确定。发生争议时,按合同争议约定办理。

2.10.2 不可抗力的通知

(1)合同一方当事人遇到不可抗力事件,使其履行合同义务受到阻碍时,应立即通知合同另一方当事人和监理人,书面说明不可抗力和受阻碍的详细情况,并提供必要的证明。

(2)如不可抗力持续发生,合同一方当事人应及时向合同另一方当事人和监理人提交中间报告,说明不可抗力和履行合同受阻的情况,并于不可抗力事件结束后28 d内提交最终报告及有关资料。

2.10.3 不可抗力后果及其处理

2.10.3.1 不可抗力造成损害的责任

除专用合同条款另有约定外,不可抗力导致的人员伤亡、财产损失、费用增加和(或)工期延误等后果,由合同双方按以下原则承担:

(1)永久工程,包括已运至施工场地的材料和工程设备的损害,以及因工程损害造成的第三者人员伤亡和财产损失由发包人承担。

(2)承包人设备的损坏由承包人承担。

(3)发包人和承包人各自承担其人员伤亡和其他财产损失及其相关费用。

(4)承包人的停工损失由承包人承担,但停工期间应监理人要求照管工程和清理、修复工程的金额由发包人承担。

(5)不能按期竣工的,应合理延长工期,承包人不需支付逾期竣工违约金。发包人要求赶工的,承包人应采取赶工措施,赶工费用由发包人承担。

2.10.3.2 延迟履行期间发生的不可抗力

合同一方当事人延迟履行,在延迟履行期间发生不可抗力的,不免除其责任。

2.10.3.3 避免和减少不可抗力损失

不可抗力发生后,发包人和承包人均应采取措施尽量避免和减少损失的扩大,任何一方没有采取有效措施导致损失扩大的,应对扩大的损失承担责任。

2.10.3.4 因不可抗力解除合同

合同一方当事人因不可抗力不能履行合同的,应当及时通知对方解除合同。合同解除后,承包人应按照约定撤离施工场地。已经订货的材料、设备由订货方负责退货或解除订货合同,不能退还的货款和因退货、解除订货合同发生的费用,由发包人承担,因未及时退货造成的损失由责任方承担。合同解除后的付款,参照约定,由监理人按合同约定商定或确定。

2.11 **索赔**

根据合同约定,承包人认为有权得到追加付款和(或)延长工期的,应按以下程序向发包人提出索赔:

(1)承包人应在知道或应当知道索赔事件发生后28 d内,向监理人递交索赔意向通知书,并说明发生索赔事件的事由。承包人未在前述28 d内发出索赔意向通知书的,丧失要求追加付款和(或)延长工期的权利。

(2)承包人应在发出索赔意向通知书后28 d内,向监理人正式递交索赔通知书。索赔通知书应详细说明索赔理由以及要求追加的付款金额和(或)延长的工期,并附必要的记录和证明材料。

(3)索赔事件具有连续影响的,承包人应按合理时间间隔继续递交延续索赔通知,说明连续影响的实际情况和记录,列出累计的追加付款金额和(或)工期延长天数。

(4)在索赔事件影响结束后的28 d内,承包人应向监理人递交最终索赔通知书,说明最终要求索赔的追加付款金额和延长的工期,并附必要的记录和证明材料。

2.12　争议的解决方式

发包人和承包人在履行合同中发生争议的,可以友好协商解决或者提请争议评审组评审。合同当事人友好协商解决不成、不愿提请争议评审或者不接受争议评审组意见的,可在专用合同条款中约定下列一种方式解决:

(1)向约定的仲裁委员会申请仲裁。

(2)向有管辖权的人民法院提起诉讼。

思考题

1.《中华人民共和国合同法》规定合同内容一般应包含哪些?

2. 什么是要约、承诺?

3. 合同订立的原则有哪些?

4. 无效合同的判别条件是什么?

5. 监理单位获取监理业务的方式有哪些?

6. 监理合同的特点是什么?

7. 监理合同规定监理人的义务有哪些?

8. 监理合同文件组成(按解释顺序)有哪些?

9. 按计价方式不同,合同分为哪几类?

10. 承包人提供的材料和工程设备检验测试费用由何方承担?

11. 发包人造成的工期延误原因有哪些?

12. 工程隐蔽前检查要求是什么?

13. 工程变更的范围和内容有哪些?

14. 简述工程进度款的申请应包含的内容。

15. 质量保证金的扣回与保留要求是什么?

16. 不可抗力的损害责任承担规定是什么?

17. 简述承包人索赔程序。

项目6 安全管理

任务1 案 例

1 案例1

2007年8月13日，湖南省凤凰县××大桥，施工中发生坍塌事故，造成64人死亡、4人重伤、18人轻伤，直接经济损失3 974.7万元。

事故直接原因：××大桥主拱圈砌筑材料不满足规范和设计要求，拱圈上部构造施工工序不合理，主拱圈施工质量差，降低了拱圈砌体的整体性和强度，随着拱上施工荷载不断增加，造成1号孔主拱圈靠近0号桥台一侧拱脚区段砌体强度达到破坏极限而崩塌，受连拱效应影响最终导致整个桥体坍塌。

事故监理责任：监理单位未能依法履行工程监理职责。一是现场监理对施工方擅自变更主拱圈施工方案未予坚决制止。监理人员对发现的质量问题督促整改不力，不仅未向有关主管部门报告，还在主拱圈砌筑完成但主拱圈强度未测出的情况下，即在砌体验收检验表上签字验收合格。二是对现场监管不力，半数监理人员不具备执业资格，监理人员频繁更换。

事故处理：建设单位工程部长、施工单位项目经理、标段承包人等24人移交司法机关追究刑事责任；施工单位董事长、建设单位负责人、监理单位总工程师等33人受到相应党纪、政纪处分；建设、施工、监理单位分别受到罚款、吊销安全生产许可证、暂扣监理工程师证书等行政处罚；责成湖南省向国务院作出深刻检查。

2 案例2

上海淀浦河南岸的“××河畔景苑”，建筑面积80 200 m^2，总投资18 830万元，桩基钢筋混凝土框架剪力墙结构，13层。2009年6月27日发生倒覆，造成一名工人死亡。

事故原因：6月20日施工方在楼前开挖基坑，土方紧贴该楼北侧堆放，最高处达10 m左右，对楼体产生3 000 t左右的侧压力，楼体南侧开挖地下车库基坑深度达4.6 m，使楼体侧压力过大，导致该楼倾倒。

监理单位责任：监理不到位。监理方对建设方、施工方的违法及违规行为没有进行有效处置，对施工现场的事故隐患未及时报告。

事故处理：监理公司法定代表人、施工单位法定代表人等8名责任人员，对事故发生负有相关责任，被处以吊销执业证书、罚款、解除劳动合同等处罚。

3 案例3

上海静安区××路728号公寓楼2010年9月24日实施节能综合改造施工,2010年11月15日发生特大火灾事故导致58人遇难、71人受伤,直接经济损失1.58亿元。

直接原因:施工人员违规在10层电梯前室北窗外进行电焊作业,焊渣引燃堆放在9层脚手架上的聚氨酯保温材料碎块,引发大火。

监理单位责任:对电焊工没有审查,无证上岗,监理机构工作失职。

事故处理:26人受到刑事处罚,28人受到党纪、政纪处分。其中工程监理单位总监理工程师、安全监理员涉嫌重大责任事故罪被逮捕。

4 案例4

2011年4月7日,山西××风景区在建的公交换乘中心外部网架坍塌,当场造成6名施工人员死亡,另有3人受伤,后1人经抢救无效死亡。

直接原因:工程球型网架挑檐部分坍塌,施工人员随坍塌的网架坠落。

该工程监理单位,总监理工程师受到刑事处罚。

任务2 学习内容

课前思考:

1. 国家法律、法规对监理安全工作规定是什么?
2. 监理单位安全监理准备工作有哪些?
3. 施工准备阶段安全监理工作有哪些?
4. 施工过程中安全监理工作有哪些?
5. 安全事故等级如何划分、事故调查如何进行?

1 建筑法、安全生产法、安全生产管理条例、水利安全生产管理条例对监理的安全责任规定

1.1 《中华人民共和国建筑法》对监理单位安全责任规定

工程监理单位与建设单位或者建筑施工企业串通,弄虚作假、降低工程质量的,责令改正,处以罚款,降低资质等级或者吊销资质证书;有违法所得的,予以没收;造成损失的,承担连带赔偿责任;构成犯罪的,依法追究刑事责任。

1.2 《建设工程安全生产管理条例》(简称《安全管理条例》)规定监理单位应履行的安全管理责任

(1)工程监理单位应当审查施工组织设计中的安全技术措施或者专项施工方案是否符合工程建设强制性标准。

(2)工程监理单位在实施监理过程中,发现存在安全事故隐患的,应当要求施工单位整改;情况严重的,应当要求施工单位暂时停止施工,并及时报告建设单位。施工单位拒不整改或者不停止施工的,工程监理单位应当及时向有关主管部门报告。

(3)工程监理单位和监理工程师应当按照法律、法规和工程建设强制性标准实施监理,并对建设工程安全生产承担监理责任。

1.3 《水利工程建设安全生产管理规定》对达到一定规模的危险性较大工程的规程规定

施工单位对下列达到一定规模的危险性较大工程编制专项施工方案,并附具安全验算结果,经施工单位技术负责人、总监理工程师签字后实施,由专职安全生产管理人员进行现场监督:

(1)基坑支护与降水工程。

(2)土方和石方开挖工程。

(3)模板工程。

(4)起重吊装工程。

(5)脚手架工程。

(6)拆除、爆破工程。

(7)围堰工程。

(8)其他危险性较大工程。

1.4 《安全管理条例》对监理单位违规行为的处罚

(1)工程监理单位有下列行为之一的,责令限期改正;逾期未改正的,责令停业整顿,并处10万元以上30万元以下的罚款;情节严重的,降低资质等级,直至吊销资质证书;造成重大安全事故,构成犯罪的,对直接责任人员,依照刑法有关规定追究刑事责任;造成损失的,依法承担赔偿责任:

①未对施工组织设计中的安全技术措施或者专项施工方案进行审查的;

②发现安全事故隐患未及时要求施工单位整改或者暂时停止施工的;

③施工单位拒不整改或者不停止施工,未及时向有关主管部门报告的;

④未依照法律、法规和工程建设强制性标准实施监理的。

(2)注册执业人员未执行法律、法规和工程建设强制性标准的,责令停止执业3个月以上1年以下;情节严重的,吊销执业资格证书,5年内不予注册;造成重大安全事故的,终身不予注册;构成犯罪的,依照刑法有关规定追究刑事责任。

1.5 水利工程建设安全生产管理规定

《水利工程建设安全生产管理规定》对安全生产管理的规定如下:

(1)建设监理单位和监理人员应当按照法律、法规和工程建设强制性标准实施监理,并对水利工程建设安全生产承担监理责任。

(2)建设监理单位应当审查施工组织设计中的安全技术措施或者专项施工方案是否符合工程建设强制性标准。

(3)建设监理单位在实施监理过程中,发现存在生产安全事故隐患的,应当要求施工单位整改;对情况严重的,应当要求施工单位暂时停止施工,并及时向水行政主管部门、流域管理机构或者其委托的安全生产监督机构以及项目法人报告。

(4)施工单位应当在施工组织设计中编制安全技术措施和施工现场临时用电方案,对达到一定规模的危险性较大的工程应当编制专项施工方案,并附具安全验算结果,经施工单位技术负责人签字以及总监理工程师核签后实施,由专职安全生产管理人员进行现场监督。对工程中涉及高边坡、深基坑、地下暗挖工程、高大模板工程的专项施工方案，施工单位还应当组织专家进行论证、审查。

2 监理单位施工前自身安全准备工作

2.1 建立监理项目安全机构

监理单位接到监理任务后，首先应按要求建立监理项目部，履行监理职责。安全管理职责履行，需建立安全监理管理体系，制定安全监理规章制度，建立相应项目安全监理机构。

项目安全监理机构由总监理工程师、安全监理工程师和全体监理人员组成。总监理工程师负责、安全监理工程师具体实施、全体监理人员共同参与履行安全管理职责。依据被监理的建设工程项目的特点，确定安全监理工程师是兼职的或专职的。

2.2 确定项目监理机构监理人员安全监理工作职责

2.2.1 总监理工程师安全管理职责

(1)对所监理的建设工程项目的安全监理工作全面负责。

(2)确定项目监理机构的安全监理人员，明确其工作职责。

(3)主持编写项目监理规划中的安全监理方案，审批安全监理实施细则。

(4)审核并签发安全监理专题报告，签发安全方面的“监理工程师通知单”。

(5)审批项目管理实施规划(施工组织设计)和专项施工方案，组织审查和批准承包单位提出的安全技术措施(含危险性较大分部分项工程专项施工方案)及工程项目生产安全事故应急预案。

(6)审批有关起重机械拆装和验收核实的报表，审查对大型机械设备投入使用前的验收手续。

(7)签署有关安全防护、文明施工措施费用支付的审批表格。

(8)因安全问题，签发工程暂停令，必要时应向有关部门报告。

(9)检查安全监理工作的落实情况。

2.2.2 安全监理工程师(安全监督员)安全管理职责

(1)参与编制安全监理规划并负责编制安全监理实施细则。

(2)审查承包单位的营业执照、企业资质和安全生产许可证。

(3)审查承包单位安全生产管理的组织机构，查验安全生产管理人员的安全生产考核合格证书、各级管理人员和特种作业人员上岗资格证书。

(4)审查项目管理实施规划(施工组织设计)中的安全技术措施和专项施工方案。

(5)检查承包单位安全培训教育记录和安全技术措施的交底情况。

(6)检查承包单位制定的安全生产责任制度、安全检查制度和安全事故报告制度的执行情况。

(7)核查施工起重机械设备的进场验收手续，签署相应表格。

(8)核查中小型机械设备的进场验收手续，签署相应表格。

(9)对施工现场进行安全巡视检查。

(10)主持召开安全生产专题监理会议。

(11)组织定期安全检查，整理记录，对安全隐患进行监督整改、验收。

(12)监督和确认安全措施费的使用。

(13)编写监理月报中的安全监理工作内容。

2.2.3 专业监理工程师安全管理职责

(1)参与编写安全监理实施细则。

(2)审核承包方报审的施工组织设计或施工方案中的本专业的安全技术措施。

(3)审核本专业危险性较大的分部分项工程的专项施工方案。

(4)检查本专业施工安全状况,对安全事故隐患按有关要求处理,必要时要向安全监理工程师通报或向总监理工程师报告。

(5)参加本专业安全防护设施检查、验收并在相应表格上签署意见。

2.2.4 监理员安全管理职责

检查施工现场的安全状况,发现问题及时向安全监理工程师或专业监理工程师报告。

2.3 编制安全监理方案

(1)监理规划中应包括安全监理方案,或者根据工程的危险程度编写专门的安全监理规划。

(2)安全监理方案应根据法律、法规的要求、工程项目特点以及施工现场的实际情况,确定安全监理工作的目标、重点、制度、方法和措施,并明确给出应编写安全监理实施细则的分部分项工程或施工部位。安全监理方案应具有针对性。

(3)安全监理方案的编制应由总监理工程师主持,专职(兼职)安全监理工程师和专业监理工程师参加,安全监理方案由监理单位技术负责人审批后实施。

(4)安全监理方案应根据工程的变化予以补充、修改和完善,并按规定程序报批。

2.4 安全监理实施细则

(1)项目监理机构应按照安全监理方案的要求编制安全监理实施细则,安全监理实施细则应具有可操作性。

(2)危险性较大的分部分项工程施工前,必须编写安全监理实施细则。

(3)安全监理实施细则应针对承包单位编制的专项施工方案和现场实际情况,依据安全监理方案提出的工作目标和管理要求,明确监理人员的分工和职责、安全监理工作的方法和手段、安全监理检查重点、检查频率和检查记录的要求。

(4)安全监理实施细则的编制应由总监理工程师主持,专职(兼职)安全监理工程师和专业监理工程师参加,安全监理实施细则由总监理工程师审批后实施。

(5)安全监理实施细则根据工程的变化予以补充、修改和完善,并按规定程序报批。

2.5 安全监理培训

(1)监理单位应制订监理人员培训计划,按计划对监理人员进行安全监理业务培训并保留培训记录。

(2)总监理工程师应及时组织项目监理人员学习有关安全生产的法律、法规、标准、规范和规程等。

3 施工准备阶段安全管理工作的内容

(1)审查施工现场及毗邻建筑物、构筑物和地下管线的专项保护措施。为了保证施工安全，施工前，建设单位应将现场地下管线资料情况通过监理单位转交施工单位，便于施工方采取措施。施工方的保护方案应切实可行。

(2)核查承包单位的企业资质和安全生产许可证，检查总承包单位和分包单位的安全协议签订情况。施工企业资质是其承揽工程的资格，监理单位应审查其资质许可业务范围与工程性质、规模的一致性；自 2004 年以来，我国对于建筑施工企业实行安全生产许可制度，规定企业未取得安全生产许可证的，不得从事生产活动。安全生产许可证的有效期为 3 年，企业在安全生产许可证有效期内，严格遵守有关安全生产的法律、法规，未发生死亡事故的，安全生产许可证有效期届满时，经原安全生产许可证颁发管理机关同意，不再审查，安全生产许可证有效期延期 3 年。安全生产许可证颁发管理机关对取得安全生产许可证的企业的监督检查，发现其不再具备条例规定的安全生产条件的，将暂扣或者吊销安全生产许可证。监理人员应审查该证书是否在有效期内。

(3)审查项目管理实施规划(施工组织设计)中的安全措施，主要审查以下内容：

①安全技术措施的内容应符合工程建设强制性标准。

②应编制危险性较大的分部分项工程一览表及相应的专项施工方案，并且符合有关规定；如果分阶段编写，应有阶段计划。

③生产安全事故应急预案的编制情况。

④冬季、雨季等季节性安全施工方案的制订应符合规范要求。

⑤施工总平面布置应符合有关安全、消防的要求。

⑥总监理工程师认为应该审查的其他内容。

(4)审查危险性较大的分部分项工程的专项施工方案，主要审查以下内容：

①专项施工方案的编制、审核、批准签署齐全有效，专项施工方案应经施工单位技术负责人审批。

②专项施工方案的内容应符合工程强制性标准。

③组织专家论证的，已有专家书面论证审查报告，论证报告的签署齐全有效。

④专项施工方案应根据专家论证审查报告中提出的结论性意见进行完善。

项目总监理工程师签署审查意见，审查未通过的安全技术措施及安全专项方案不得实施。

(5)检查施工现场安全生产保证体系。

①承包单位现场安全生产管理机构的建立应符合有关规定，安全管理目标应明确并符合合同的约定。

②承包单位应建立健全施工安全生产责任制度、安全检查制度和事故报告制度。

③承包单位项目负责人的执业资格证书和安全生产考核合格证书应齐全有效。

④承包单位专职安全生产人员的配备数量应符合建设行政主管部门的有关规定，其执业资格证书和安全生产考核合格证书应齐全有效，要求人证一致。

施工作业班组应设置兼职安全巡查员，对本班组的作业场所进行安全监督检查。

(6)检查承包单位现场人员安全教育培训记录。

在施工准备阶段，监理单位审核施工单位提交的有关技术文件及材料，由总监签署意见，如不通过不得实施。

4 施工阶段安全监理工作

4.1 施工过程中安全管理的方法及要求

4.1.1 日常巡视

监理人员每日对施工现场进行巡视时，应检查安全防护情况并做好记录，针对发现的安全问题，按其严重程度及时向承包单位发出监理指令，责令其消除安全事故隐患。

4.1.2 安全检查

(1)安全监理人员应按照安全监理方案定期进行检查，检查结果应写入项目监理日志。

(2)项目监理机构应要求承包单位每周组织施工现场的安全防护、临时用电、起重机械、脚手架、施工防汛、消防设施等安全检查，并派人参加。

(3)项目监理机构应组织相关单位进行有针对性的安全专项检查，每月至少一次。

(4)对发现的安全事故隐患，项目监理机构应及时发出书面监理指令。

4.1.3 监理例会

定期召开的监理例会上，应检查上次例会有关安全决议事项的落实情况，分析未落实事项的原因，确定下一阶段施工管理工作的内容，明确重点监控的措施和施工部位，并针对存在的问题提出意见。

4.1.4 安全专题会议

(1)总监理工程师认为必要时应召开安全专题会议，由总监理工程师或安全监理人员主持，承包单位的项目负责人、现场技术负责人、现场安全管理人员及相关单位人员参加。

(2)监理人员应做好会议记录，及时整理会议纪要。

(3)会议纪要应要求与会各方会签，及时发至相关各方，并有签收手续。

4.1.5 监理指令

在施工安全监理工作中，监理人员通过日常巡视及安全检查，发现违规施工和存在安全事故隐患时，应立即发出监理指令。监理指令分为口头指令、监理工程师通知单、工程暂停令三种形式。

4.1.6 监理报告

(1)项目监理机构每月总结施工现场安全施工情况，并写入监理月报，向建设单位报告。

(2)总监理工程师在签发"工程暂停令"后应及时向建设单位报告。

(3)对承包单位不执行"工程暂停令"的，总监理工程师应向建设单位及本监理单位报告，必要时可向工程所在区域的水建设行政主管部门报告，同时报告建设单位。

(4)在安全监理工作中，针对施工现场的安全生产状况，结合发出监理指令的情况，总监理工程师认为有必要时，可编写安全监理专题报告，报送建设单位和建设行政主管部门。

4.2 施工阶段安全监理工作的主要内容

(1)检查承包单位现场安全生产保证体系的运行，并将检查情况计入项目监理日志。

①每天检查承包单位专职安全生产管理人员到岗情况；

②抽查特种作业人员及其他作业人员的上岗资格；

③检查施工现场安全生产责任制、安全检查制度和事故报告制度的执行情况；

④检查承包单位对进场作业人员的安全教育培训记录；

⑤抽查施工前工程技术人员对作业人员进行安全技术交底的记录。

(2)检查承包单位“三宝”使用、临边防护、临时用电安全情况等。检查施工安全技术措施和专项施工方案的落实情况。

(3)检查承包单位执行工程建设强制性标准的情况。

(4)施工现场发生安全事故时应按规定程序上报。

对施工现场安全生产情况进行巡视检查，对发现的各类安全隐患，应书面通知施工单位，并督促其立即整改；情况严重的，监理单位应立即下达工程暂停令，要求施工单位停工整改，并同时报建设单位；隐患消除后，监理单位应检查整改结果，签署复查或复工意见。施工单位拒不整改或不停工整改的，监理单位应当及时向工程所在地水行政主管部门报告。有关检查、整改、复查、报告等应在监理日记、监理月报上记载。

4.3 危险性较大的分部分项工程的安全监理

《建设工程安全生产管理条例》规定，危险性较大的分部分项工程有达到一定规模的：基坑支护与降水工程、土方开挖工程、模板工程、起重吊装工程、脚手架工程、拆除爆破工程、国务院建设行政主管部门或者有关部门规定的其他危险性较大的工程。

(1)项目监理机构应指派专人负责危险性较大的分部分项工程的安全监督。

(2)监理工程师应依据专项施工方案及工程建设强制性标准对危险性较大的分部分项工程进行检查。

(3)专业监理工程师或安全监理人员应按照安全监理实施细则中明确的检查项目和频率进行安全检查，每周不少于2次；监理员应每日重点进行巡视检查，监理人员应详细记录检查过程。

(4)监理人员对发现的安全事故隐患应及时发出监理指令并督促承包单位整改，必要时向总监理工程师报告。

4.4 施工机械及安全设施的安全监理

(1)施工现场起重机械拆装前，监理人员应核查拆装单位的企业资质、安全生产许可证、租赁合同、设备的定期检测报告及特种作业人员的上岗证，并在相应的表格上签字；监理人员应检查其是否编制了专项拆装方案；安装完毕后，监理人员应该检查承包单位的安装验收手续，并在相应的表格上签字。

(2)监理工程师和安全监理人员应检查施工机械设备的进场安装手续，并在相应的验收表上签字。

(3)监理工程师和安全监理人员参加施工现场模板支撑体系的验收并签署意见；对工具式脚手架、落地式脚手架、临时用电、基坑支护等安全设施的验收资料和实物进行检查并签署意见。

5 安全事故等级划分

根据《生产安全事故报告和调查处理条例》，事故划分为特别重大事故、重大事故、较大事故和一般事故4个等级。特别重大事故，指造成30人以上死亡，或者100人以上重伤，或者1亿元以上直接经济损失的事故；重大事故，指造成10人以上30人以下死亡，或者50人以上100人以下重伤，或者5 000万元以上1亿元以下直接经济损失的事故；较大事故，指造成3人以上10人以下死亡，或者10人以上50人以下重伤，或者1 000万元以上5 000万元以下直接经济损失的事故；一般事故，指造成3人以下死亡，或者10人以下重伤，或者1 000万元以下直接经济损失的事故。

事故发生后，事故现场有关人员应当立即向本单位负责人报告；单位负责人接到报告后，应当于1 h内向事故发生地县级以上人民政府安全生产监督管理部门和负有安全生产监督管理职责的有关部门报告。情况紧急时，事故现场有关人员可以直接向事故发生地县级以上人民政府安全生产监督管理部门和负有安全生产监督管理职责的有关部门报告。

特别重大事故、重大事故逐级上报至国务院安全生产监督管理部门和负有安全生产监督管理职责的有关部门；较大事故逐级上报至省、自治区、直辖市人民政府安全生产监督管理部门和负有安全生产监督管理职责的有关部门；一般事故上报至设区的市级人民政府安全生产监督管理部门和负有安全生产监督管理职责的有关部门。安全生产监督管理部门和负有安全生产监督管理职责的有关部门依照规定上报事故情况，应当同时报告本级人民政府。国务院安全生产监督管理部门和负有安全生产监督管理职责的有关部门以及省级人民政府接到发生特别重大事故、重大事故的报告后，应当立即报告国务院。

报告事故应当包括下列内容：①事故发生单位概况；②事故发生的时间、地点以及事故现场情况；③事故的简要经过；④事故已经造成或者可能造成的伤亡人数（包括下落不明的人数）和初步估计的直接经济损失；⑤已经采取的措施；⑥其他应当报告的情况。

特别重大事故由国务院或者国务院授权有关部门组织事故调查组进行调查。重大事故、较大事故、一般事故分别由事故发生地省级人民政府、设区的市级人民政府、县级人民政府负责调查。

在2013年5月颁布、2014年3月1日实施的《建设工程监理规范》（GB/T 50319—2013）中规定，工程监理单位在施工阶段对建设工程质量、进度、造价进行控制，对合同、信息进行管理，对工程建设相关方的关系进行协调，并履行建设工程安全生产管理法定职责。从以上可看出，强调监理单位在安全生产管理方面履行法定职责。

思考题

1.《建设工程安全生产管理条例》规定监理单位安全管理责任有哪些？

2. 危险性较大的分部分项工程包含哪些内容？

3. 安全监理人员职责有哪些？

4. 施工准备阶段安全监理工作有哪些？

5. 施工阶段安全管理方法、工作内容有哪些？

6. 危险性较大分部分项安全监理工作内容有哪些？

7. 安全事故等级如何划分？

8. 安全事故报告一般应包含哪些内容？

项目 7　项目信息管理

任务 1　案　例

某同学毕业后到监理单位工作，担任项目部监理资料员，负责监理项目部的资料管理工作，问该同学日常需收集哪些监理资料？通过什么渠道收集？工程完工后，监理项目部监理资料归档又有哪些内容？

任务 2　学习内容

课前思考：

1. 监理资料来源有哪些？
2. 水利工程建设信息是怎样分类的？
3. 建设项目的原始资料的收集是怎样进行的？
4. 来自于监理自身的资料有哪些？

水利工程施工监理合同规定：监理人应“及时做好工程施工过程各种监理信息的收集、整理和归档，并保证现场记录、试验、检验、检查等资料的完整和真实。编制“监理日志”，并向委托人提交监理月报、监理专题报告、监理工作报告和监理工作总结报告。妥善做好委托人所提供的工程建设文件资料的保存、回收及保密工作。

1　信息

信息是为使用者提供决策和管理所需要的依据，是基础。信息是对数据的解释，反映了事物（事件）的客观规律。信息来源于数据，又高于数据，信息是数据的灵魂，数据是信息的载体。数据，是客观实体属性的反映，通过对客观实体各个角度的属性的描述，也反映了与其他实体的区别。反映某个水利工程质量时，我们通过对相关参建单位资质、人员、设备、工程使用的材料、构配件、设计思路、施工方法、施工现场的自然环境、工程水文地质等各个方面的数据，综合起来反映该水利工程的质量情况。

数据有文字、数值、语言、图表、图形、颜色等多种形态。

1.1　建设工程项目信息分类

水利工程建设涉及单位多、时间长、影响因素多，因此各项工作涉及部门、环节、专业、渠道也就多，工程信息量大，来源广泛。这些信息依据不同标准可划分如下。

1.1.1　按照建设工程的目标划分

(1)与工程质量控制有关的信息。

(2)与工程投资控制有关的信息。

(3)与工程进度控制有关的信息。

(4)与工程合同管理有关的信息。

(5)与工程建设安全管理有关的信息。

1.1.2　按照建设工程项目信息的来源划分

(1)项目内部信息。指建设工程项目各个阶段、各个环节、各建设有关单位发生的信息总体。

(2)项目外部信息。来自项目外部环境的信息称为外部信息。

1.2　信息管理

1.2.1　信息管理

信息管理是指对信息的收集、加工整理、储存、传递与应用等一系列工作的总称。信息管理的目的就是通过有组织的信息流通,使决策者能及时、准确地获得相应的信息。为了达到信息管理的目的,就要把握好以下几个环节:

(1)了解和掌握信息来源,对信息进行分类。

(2)掌握和正确运用信息管理的手段(如使用计算机并选用适用的程序软件)。

(3)掌握信息流程的不同环节,建立信息管理系统。

1.2.2　信息管理系统

信息管理系统是由人和计算机等组成,以系统思维为依据,以计算机为手段,进行数据(情况)收集、传递、处理、存储、分发、加工,产生信息,为决策、预测和管理提供依据的系统。

一个监理单位和每一个项目监理机构都应建立信息管理系统,配备熟悉工程项目管理业务并经过培训的信息管理人员,以正确地获得并高效、安全、可靠地使用所需要的信息。

1.2.3　建设工程项目信息管理的基本任务

建设工程相关信息是监理工程师决策的依据,也是监理工程师实施控制的基础,是进行协调的重要媒介。监理工程师作为项目管理者,承担着项目信息管理的任务,负责收集项目实施情况的信息,做各种信息处理工作,并向上级、向外界提供各种信息,它的信息管理的任务主要包括:

(1)组织项目基本情况信息的收集并系统化,编制成项目基本情况资料。项目管理的任务之一,是按照项目的任务,按照项目的实施要求,设计项目实施项目管理中的信息和信息流通,确定它们的基本要求和特征,并保证在实施过程中信息顺利流通。

(2)项目报告及各种资料的规定,例如资料的格式、内容、数据结构要求。

(3)按照项目实施、项目组织、项目管理工作过程建立项目管理信息系统流程,在实际工作中保证这个系统的正常运行,并控制流程。

(4)文件档案管理工作。有效的项目管理需要更多地依靠信息系统的结构和维护。信息管理影响组织和整个项目系统的运行效率,是人们沟通的桥梁,监理工程师应对它有足够的重视。

2 建设项目的原始资料的收集

原始数据收集,就是将时间和空间上分散的一些数据进行集中。它是管理信息处理的基础,其收集要制度化、规范化,要明确收集的时间和次数或数量,并保证原始资料的完整和真实。

对于项目法人和监理工程师,在工程施工阶段的管理中,原始的数据收集分为施工前和施工过程中两个阶段。

2.1 施工前的原始资料

施工前的原始资料收集包括:批准的可行性研究报告及其他资料(规划许可、土地使用、可行性研究报告及审批手续、施工许可、质量监督注册、安全监督注册等),工程设计文件及有关资料(勘察报告、水利工程设计的三个阶段,初步设计、指标设计、施工图设计产生的有关信息),施工承包合同文件及有关资料(工程承包、材料设备供应等合同)。

2.2 施工过程中的资料

施工过程中的资料来源可分为来自项目法人、承包商、监理工程师的监理记录三个方面。

2.2.1 来自项目法人的信息

项目法人在工程施工过程中按照合同文件规定提供相应施工条件,并可表达对工程建设的意见,或者下达指令,对工程变更的处理等。监理工程师应及时收集整理。

当项目法人负责某些材料的供应时,监理工程师需要收集项目法人所提供材料的品种、数量、规格、价格、提(交)货地点、提货方式等信息,也应注意收集材料材质证明、检验(试验)资料。

项目法人对施工过程中有关进度、质量、投资、合同、安全等方面的看法和意见,工程变更的处理意见。

2.2.2 来自承包商的信息

承包商是工程建设的具体实施者,现场发生的各种情况,包含了大量信息,承包商必须掌握收集的信息内容,必须保证信息的及时性、完整性;监理工程师也必须重视这些信息的收集。承包商的施工组织设计、施工方案、进度计划、各种现场管理制度、各种施工项目的自检报告、质量问题报告、有关问题的处理等。

2.2.3 监理工程师的监理记录

项目法人将对承包商的部分管理权力委托监理单位实施,监理单位又由派驻工地的监理项目部完成委托工作。在这个阶段,监理工程师要形成大量的工程管理资料,也是监理工程师履行监理合同义务的证明。

(1)现场监理人员的日报表。

现场监理人员的日报表记录当天天气情况、施工部位、施工内容、参加施工人员、所用施工机械、所用建筑材料,当天发生的施工质量问题、进度情况、工程变更等。

(2)承包商向监理工程师或项目法人申报的各种报告或申请。

承包商向监理工程师或项目法人申报的各种报告或申请,含承包商提交的开工报告、修改设计报告、施工组织设计(施工方案)、施工组织和施工质量保证措施报告、检查或验收申请等。

(3)施工现场监理人员的日记。

施工现场监理人员的日记应记录当天对施工现场的检查验收、当天做出的重要决定、对承包商发出的指示、当天发生的纠纷等。

(4)监理工程师对承包商的重要指示。

监理工程师对承包商的重要指示主要指发出的监理工程师通知单、监理文件等正式函件。

(5)监理工程师下达给承包商的设计图纸及补充图纸内容、编号等。

2.2.4 会议记录

在施工现场监理工程师经常主持召开各种会议,主要分为监理例会和专题会议。

2.2.4.1 监理例会

在工程施工过程中,总监理工程师应定期召开监理例会,一般每周召开一次。主要参加人员:建设单位与项目法人施工现场代表;承包单位项目经理部经理及技术负责人,各专业有关人员;项目监理机构总监理工程师、总监理工程师代表、各专业监理工程师、监理员以及其他监理人员;如涉及勘察、设计单位、工程分包单位时,可请其派员参加。

会议的议题应根据工程进展情况,当前施工中存在的突出的、亟待解决的问题,以及各方的意见选定,要密切联系工作实际,突出重点。议题范围:上次会议议决事项的执行情况;进度计划执行情况;工程质量状况,对存在的工程质量问题,讨论并制订改进措施;安全生产情况,并明确下阶段重点监控的部位和措施;工程量核定及工程款支付情况;通报违约及工期、费用索赔的意见及处理情况;解决需要协调的有关事项和其他当前亟待解决的、需要在会上通报的或在会上研究的事项。

会议纪要:由总监理工程师指定专人,使用专用的记录本负责监理例会的记录。根据记录整理、编写会议纪要。监理例会纪要是重要的信息传递文件,其议定的事项对建设各方都有约束力,并且在发生争议或索赔时是重要的法律文件,各项目监理机构都应予以足够的重视。监理例会的记录本、会议纪要及反馈的书面文件应作为监理资料存档。

2.2.4.2 专题工地会议

专题工地会议是解决施工中的技术问题、安全问题、管理问题及专业协调工作而组织召开的会议;会议由总监理工程师根据工作需要组织召开,建设单位、承包单位提出建议,总监理工程师审定同意后也可召开;专题工地会议由总监理工程师或指定的监理工程师主持,相关各单位的有关人员参加;会议召开前应充分做好准备工作,主要有:确定中心议题,确定会议参加人员,准备会议资料,落实会议地点、时间并发出会议通知,明确中心发言人及记录人员等。

会议记录及会议纪要的编写可参照监理例会的有关规定执行。

2.2.5 监理月报

编写监理月报是一项重要的信息管理工作,正在监理的工程项目,每月均应编制监理月报,报送建设单位、所属监理单位及有关部门。各项目监理机构应按监理单位规定的统一格式编写内容。监理月报的编写由总监理工程师指定专人负责,各专业监理工程师和信息管理员负责提供本专业或职务分工部分的资料与数据,总监理工程师审阅把关。项目监理机构全体人员共同动手,分工协作按时编制完成。监理月报的统计周期为上月的

26 日至本月的 25 日。

3 建设项目信息处理

建设项目信息处理一般包括收集、加工整理、传输、存储、检索和应用六个阶段。

收集到的原始监理资料,需要进行加工,使其成为有用的信息。信息的加工整理就是对收集到的大量原始信息进行筛选、分类、排序、压缩、分析、比较、计算,使其标准化、系统化,形成标准的、系统的信息资料。通过信息的加工整理,一方面可以掌握工程建设施工过程中的质量控制、进度控制、投资控制、合同管理、安全管理情况;另一方面可直接或借助数学模型预测工程建设未来进展状况,为监理工程师做出正确的决策提供可靠的依据。

信息的传输是指信息借助于一定的载体在监理机构内部、参建单位间及上级单位进行传播,通过传输,形成各种信息流,成为监理工程师工作和处理问题的重要依据。

信息存储是指经过收集整理后的大量信息资料,应当存档以备将来使用。为了便于管理,监理组织内部应建立完善的信息资料存储制度。信息的存储,可以汇集信息,建立信息库,有利于检索,可以实现监理资源的共享,促进监理信息的重复利用,也便于监理信息的更新。监理信息存储的载体主要有文件、报告报表、图纸、音像资料等。监理信息的存储尽量采用计算机完成,存储量大,查找方便。

存储的大量监理工作信息,为了查找方便,需要拟定一套科学、迅速的查找方法和手段,这就是信息的检索。完善的信息检索系统应达到信息保存完善且查找方便的要求。使用计算机存储,建立合理的信息组成体系,是目前普遍实行的信息管理方式。

按照不同需求,筛选、分析、整理存储的信息,编印成各种表格、文件,以书面形式或者计算机网络传输就是信息的应用。

3.1 建设项目信息处理的要求

(1)监理资料的管理应逐步走向科学化、程序化,并最终实现计算机化。

(2)全、准、真(完整、准确、真实)、及时是对监理资料的四个重要要求;对监理资料管理工作的基本要求是“及时完整、真实有效、填写齐全、标识无误、交圈对口、归档有序”。

(3)项目监理机构的监理资料管理工作由总监理工程师负责,各专业监理工程师分工负责,由总监理工程师指定专任或兼任资料管理员负实际责任。监理单位的监理资料管理工作由技术总负责人负责,档案资料管理部门负责人负责具体管理工作,并对各项目监理机构的监理资料管理员负指导责任。

(4)各监理人员应随着工程项目的进展不断积累监理资料,并认真、及时地进行编审,在工程竣工后形成一套完整的监理档案,移交给所属监理单位的档案资料管理部门保管备查。

(5)项目监理机构应于工程竣工后 3 个月内,由总监理工程师组织监理人员进行监理资料的整理、编审和装订工作,由总监理工程师签字后作为监理档案移交。

(6)监理档案应规定有保管期限,根据档案文件的内容,可规定为 1 ~3 年,少数档案文件可定为永久保存,具体分类由当地政府的建设行政主管部门所属的建设工程档案管理部门规定。

(7)在保存期内,对档案资料的保管、借阅和归还、使用,应订立完备的制度,防止档案资料丢失受损，以及资料的保密。

3.2 监理档案资料的整理

监理档案资料可分为三大部分，即施工监理管理文件、施工监理工作记录、施工监理验收文件。

3.2.1 施工监理管理文件

(1)监理规划。

(2)监理实施细则。

(3)监理月报。

(4)监理会议纪要。

(5)监理通知。

(6)监理工作日记。

(7)监理工作总结。

3.2.2 施工监理工作记录

(1)施工准备审批文件。

(2)工程进度控制文件。

(3)工程质量控制文件。

(4)工程投资控制文件。

3.2.3 施工监理验收文件

(1)竣工移交证书。

(2)工程项目监理工作总结。

4 监理大纲、监理规划和监理实施细则

4.1 监理大纲

监理大纲是社会监理单位为了获得监理任务，在投标阶段编制的项目监理方案性文件，亦称监理方案一般由监理公司经营部门或技术部门编写；监理大纲是监理投标文件的技术部分，一般占到评标总分的40%以上。监理大纲的主要内容如下：

(1)工程概述。

(2)监理工作范围和目标。

(3)监理项目机构设置与人员安排。

(4)监理设施和设备仪器的配备。

(5)主要工程的质量监理、安全监理、环境保护监理、费用监理、进度监理及合同其他事项管理等工作计划与措施。

(6)重点(关键)和难点工程监理工作分析及采取的相应措施。

(7)监理项目主要管理制度与措施。

(8)合理化建议及其他等。

4.2 监理规划

监理规划是指导项目监理机构全面开展监理工作的纲领性文件，是对监理大纲的细化。监理单位应在签订建设工程监理合同及收到工程设计文件后在监理大纲基础上针对

本工程特点编制，在召开第一次工地会议前报送建设单位。总监理工程师组织专业监理工程师编制，总监理工程师签字后由工程监理单位技术负责人审批。监理规划主要内容如下：①工程概况。②监理工作的范围、内容、目标。③监理工作依据。④监理组织形式、人员配备及进场计划、监理人员岗位职责。⑤工程质量控制。⑥工程造价控制。⑦工程进度控制。⑧合同与信息管理。⑨组织协调。⑩安全生产管理职责。⑪监理工作制度。⑫监理工作设施。

在监理工作实施过程中，如实际情况或条件发生变化而需要调整监理规划，应由总监理工程师组织专业监理工程师修改，经工程监理单位技术负责人批准后报建设单位。

4.3　监理实施细则

监理实施细则是针对某一专业或某一方面监理工作的操作性文件。采用新材料、新工艺、新技术、新设备的工程，以及专业性较强、危险性较大的分部分项工程，应编制监理实施细则。监理实施细则应在相应工程施工开始前由专业监理工程师编制，并报总监理工程师审批。

4.3.1　监理实施细则编制依据

(1)监理规划。

(2)相关标准、工程设计文件。

(3)施工组织设计、专项施工方案。

4.3.2　监理实施细则主要内容

(1)专业工程特点。

(2)监理工作流程。

(3)监理工作要点。

(4)监理工作方法及措施。

在监理工作实施过程中，监理实施细则可根据实际情况进行补充、修改，经总监理工程师批准后实施。

思考题

1. 来自监理方的信息有哪些？
2. 建设项目信息处理可分为哪几个阶段？
3. 监理项目信息处理的要求有哪些？
4. 施工监理管理文件有哪些？
5. 来自监理工程师记录的资料有哪些？
6. 监理大纲、监理规划、监理实施细则何时由何人编写，其主要作用各是什么？

项目8 项目组织协调

任务1 案 例

某住宅小区的会所工程和小区室外管网工程,分别由两家施工单位总承包。室外管网施工过程中,需要挖断会所工程用以运进施工材料的道路。由于两家施工单位有各自的进度安排,该段施工发生矛盾。此问题如果处理不当,就会造成进度拖延、甚至会引起施工方的索赔。作为本工程监理单位发挥监理单位组织协调作用,通过与两家施工方单独交谈沟通,在有一定协作意向情况下,召集协调会议,会上确定会所施工方充分利用材料堆场,储备材料,给室外管网施工队伍留上5 d的该段管网施工时间;要求室外管网施工单位在对方给出时间段,集中力量、抓紧时间完成该段管网并回填,第6天将道路恢复通行条件。最终该矛盾得以圆满解决,对双方都没有造成损失,也保证了整个小区的建设进度。

任务2 学习内容

课前思考:

1. 监理工程师的协调方式是什么?
2. 监理工程师组织协调内容有哪些?

《水利工程施工监理合同示范文本》第二十六条规定,监理人的义务之一是"协调施工合同各方之间的关系"。

1 协调的重要性和作用

协调在水利工程建设项目管理中具有十分重要的地位。协调又称协调管理。工程建设的组织协调,就是通过监理单位对工程建设各方协商、沟通、调度,解决矛盾,以利于工程建设总目标实现为前提,使各项活动衔接有序地正常展开。

当前,工程建设项目建设中由于各方的责、权、利不同,产生了大量需协调的问题。主要的是建设单位和施工单位、材料设备供应单位间,各施工单位和材料设备供应单位间因合同履行出现矛盾,它们彼此间或者有合同关系、或者没有合同关系,但彼此都是地位平等的,其矛盾只能通过协商的方法来解决,而不能通过行政命令的方式解决。特别是大中型建设项目,涉及面广、周期长、技术复杂、参与单位多,众多的合同本身不可能没有疏漏,合同履行难免不产生偏差,加之工程变更、施工条件变化,以及不可抗力的作用,都会不同程度地制约着合同履行，都要进行大量的协调工作。协调的作用就是沟通和理顺这些关系，化解矛盾，排除各种干扰，使工程总体建设活动能有机地交叉进行，实现质量高、投资省、工期短的建设目标。

监理单位受项目法人委托，依据国家批准的工程建设文件，有关工程建设的法律、法规和工程建设监理合同以及其他工程建设合同而对工程建设实施的监督管理。它直接与项目其他参与各方发生关系，是最佳的协调人。以实现建设项目目标为目的，对建设项目进行有效的计划、组织、协调、控制。

总体来说，水利工程建设中的协调作用有以下几个方面：

(1)当工程建设中发生与计划目标不一致时，通过监理协调工作，承包方采取纠偏措施，消除偏差，最终使总目标实现。

(2)当多个承包单位协作完成一个项目，彼此之间，会因某个承包商的违约，使整个工程进度受影响，监理发挥其协调作用，保障相互间的衔接与协作。

(3)工程建设参与的各方发生矛盾，由监理方站在公正立场上，以有利于工程总目标实现为前提，发挥监理工程师的核心作用，平衡协调各方关系。通过监理的组织协调，使项目参与各方彼此沟通，促进相互了解和理解，在项目总目标和各分目标之间寻求平衡，达到统一思想与行动，使各项工作能够顺利进行，提高项目的绩效。

一个工程建设项目的顺利完成是多方配合和相互合作的共同成果。参与建设管理的有关部门，包括建设单位、设计单位、施工单位、设备供应单位、材料生产单位、地方政府有关部门、交通运输部门、水电供应单位等，需要多方配合和相互合作，这就必然要求监理工程师处理好人际关系，并具有较强的组织协调能力。一般外部协调由项目法人来完成，项目内部协调由监理工程师完成。

2 工程建设监理组织协调的工作内容

2.1 项目监理机构内部的协调

2.1.1 项目监理机构内部人际关系的协调

(1)在人员安排上要量才录用。按照工程建设要求，依据各人的能力、知识水平、专业方向，保障人尽其能，人尽其用。对于个人职业道德差、专业技能差，又不注重学习提高的人员，在项目部成立时，予以特殊考虑，或者不予录用。

(2)在工作委任上要职责分明。对组织内的每一个岗位，都应订立明确的目标和岗位责任，对于监理项目部各成员，依据所处的监理岗位不同，履行各自岗位职责，要求职责明确，每项监理工作都有监理成员去完成，各成员间衔接合理。

(3)在成绩评价上要实事求是。每个人员都希望自己的工作出成绩，并得到组织肯定。在进行评价成绩时，有统一合理的标准，实施监理项目部监理工作检查评比，使做得好的监理人员成绩得以肯定，做得不足的人员明白不足，及时改进。实事求是地对待成绩和不足，这样才能从每个人都热爱自己的工作，在项目部形成积极向上、努力提高业务水平的风气。

(4)矛盾调解要恰到好处。人员之间的矛盾是难免的，一旦出现矛盾就应当进行调解。调解要注意工作方法，如果通过及时沟通、个别谈话和必要的批评，还无法解决矛盾，应采取必要的岗位变动措施。对上下级矛盾要区别对待,是上级的问题就作自我批评,是下级的问题应启发引导,对无原则的争论应当批评制止,这样才能使人们处于团结、和谐、热情的气氛中。

2.1.2 项目监理机构内部组织关系的协调

(1)在职能划分的基础上设置组织机构。

(2)明确规定每个部门的目标、职责和权限。

(3)事先约定各部门在工作中的相互关系。

(4)建立信息沟通制度。如采用工作例会、业务碰头会、发会议纪要、计算机网络信息传递等方式来沟通信息,这样才能从局部了解全局,服从全局的需要。

(5)及时消除工作中的矛盾和冲突,解决矛盾的方法应根据具体情况而定。如配合不佳导致的矛盾和冲突,应从配合关系入手来消除;争功夺利导致的矛盾和冲突,应从考核评价标准入手来消除;奖罚不公导致的矛盾和冲突,应从明确奖罚制度入手来解决;过高要求导致的矛盾和冲突,应从领导的思想方法和工作方法入手来消除等。

2.1.3 项目监理机构内部需求关系的协调

(1)对监理设备、材料的平衡。监理设备与材料有限,需要做好内部需求关系的协调工作。监理设备、材料使用要有计划。应根据工程建设进度计划编制合理的监理设备、材料使用计划,均衡合理配置资源。要注意抓住期限上的及时性、规格上的明确性、数量上的准确性、质量上的规定性,这样才能体现计划的严肃性,发挥计划的作用。监理设施有:车辆、计算机、照相机、摄像机、打印机、复印机、办公用品等。

(2)对监理人员的平衡 。依据工程进展及时对监理人员进行增减、调配。使每位监理人员都有合理的工作强度,合理安排监理工作的内外业。在不同的阶段配置不同数量的监理人员,要注意工作衔接,并做好与监理公司的协调。

2.2 与项目法人关系的协调

我国长期的计划经济体制使得项目法人合同意识差、随意性大,主要体现在:一是沿袭计划经济时期的基建管理模式,搞“大统筹,小监理”,在一个建设工程上,项目法人的管理人员要比监理人员多或管理层次多,对监理工作干涉多,并插手监理人员应做的具体工作;二是不把合同中规定的权力交给监理单位,致使监理工程师有职无权,发挥不了作用;三是科学管理意识差,在建设工程目标确定上压工期、压造价,在建设工程实施过程中变更多或不按时效要求对需做出决策的申请及时做出回复,给监理工作的质量、进度、投资控制带来困难。因此,与项目法人的协调是监理工作的重点和难点。监理工程师应从以下几方面加强与项目法人的协调:

(1)监理工程师首先要理解建设工程总目标,理解项目法人的意图。对于未能参加项目决策过程的监理工程师,必须了解项目构思的基础、起因、出发点,否则可能对监理目标及完成任务有不完整的理解,会给他的工作造成很大的困难。

(2)利用工作之便做好监理宣传工作,增进项目法人对监理工作的理解,特别是对建设工程管理各方职责及监理程序的理解;主动帮助项目法人处理建设工程中的事务性工作,以自己规范化、标准化、制度化的工作去影响和促进双方工作的协调一致。增进项目法人对监理的理解,主动协助项目法人完成工作,以科学的管理促成双方在工程建设中的一致意见。

(3)尊重项目法人,与项目法人一起投入建设工程全过程的管理。尽管有预定的控制目标,但建设工程实施必须执行项目法人的指令,使项目法人满意。对项目法人提出的某些不适当的要求,只要不属于原则问题,都可先执行,然后利用适当时机,采取适当方式加以说明或解释;对于原则性问题,可采取书面报告等方式说明原委,尽量避免发生误解,以使建设工程顺利实施。

2.3 与承包商的协调

正确处理监理工程师与承包商的关系很关键,监理工程师在协调时,应注意:①要坚持原则,实事求是,严格按规程规范办事,讲究科学态度。一是不能损害他人的利益,不能违反规定;二是鼓励施工单位反映工程情况、困难和意见。②监理工程师应加强自身学习,掌握专业知识,提高业务水平,日常行为有据可循。③认真负责,帮助承包商解决实际问题。④要注意协调方式。双方了解得越多越深刻,监理工作中的对抗和争执就越少。施工阶段的协调工作内容如下。

2.3.1 与承包商项目经理协调

监理工程师要既能坚持原则,又能灵活变通。从承包商项目经理及其工地工程师的角度来说,他们最希望监理工程师是公正、通情达理并容易理解别人的;希望从监理工程师处得到明确而不是含糊的指示,并且能够对他们所询问的问题给予及时的答复;希望监理工程师的指示能够在他们工作之前发出。他们可能对本本主义及工作方法僵硬的监理工程师最为反感。这些心理现象,作为监理工程师来说,应该非常清楚。一个既懂得坚持原则,又善于理解承包商项目经理的意见,工作方法灵活,随时可能提出或愿意接受变通办法的监理工程师肯定是受欢迎的。

2.3.2 进度问题协调

实际中,各个项目都设有进度奖罚措施,一般的方法是项目法人和承包商签订一级网络计划,作为合同附件,由监理工程师负责进行阶段考核,决定奖罚。另外,建设过程中,监理工程师要给予施工单位积极配合。

2.3.3 质量问题协调

施工监理实行监理工程师签字认可制度,如材料、设备、工序交接、验收、变更、质量评定,未签字认可的不计量、不支付。监理工程师应该考虑的是自己的处理意见是否在监理权限以内,根据合同要求,自己应该怎么做等。在发现质量缺陷并需要采取措施时,监理工程师必须立即通知承包商。监理工程师要有时间期限的概念,否则承包商有权认为监理工程师对已完成的工程内容是满意或认可的。监理工程师最担心的可能是工程总进度和质量受到影响。

2.3.4 对承包商违约行为的处理

对违约行为要立即制止,必要时下发监理工程师通知或停工令;对严重影响工程进度、质量目标的情况,或是累计造成严重影响的,或是不服从管理的,监理可要求撤换施工单位相关人员。

2.3.5 对分包单位的管理

监理只针对总包单位进行协调,对分包单位的所有控制都是通过总包单位来进行的,分包单位的协调由总包单位进行，监理单位根据具体情况进行协助。

2.3.6 处理好人际关系

（略）

2.4 与设计单位的协调

在施工监理条件下，监理单位与设计单位都是受项目法人委托进行工作，两者之间并没有合同关系，所以监理单位主要是和设计单位做好交流工作，协调要靠项目法人的支持。设计单位应就其设计质量对建设单位负责，因此《中华人民共和国建筑法》指出：工程监理人员发现工程设计不符合建筑工程质量标准或者合同约定的质量要求的，应当报告建设单位要求设计单位改正。建设单位与设计单位的协调，主要涉及设计进度、设计质量、工程概算、设计变更、设计标准、技术条件及新技术、新工艺、新材料的采用等方面。

（1）真诚尊重设计单位的意见。图纸若有问题，在图纸交底过程中应全部解决；严格按图施工；联合设计单位进行隐蔽工程、重点工程验收和其他阶段性验收等；进行质量事故处理时应认真听取设计意见。

（2）及时通过建设单位向设计单位提出施工中出现的问题，以免造成大的损失。施工过程中发现设计问题应及时沟通，必要时可协助设计工作或提出合理化建议等，并协商约定设计单位给出处理方案的具体时间，以免影响进度。

（3）注意信息传递的及时性和程序性。监理工程师联系设计单位可通过申报表来传递意见；设计单位联系监理单位通过设计变更通知单来传递，要按设计单位（经项目法人同意）—监理单位—承包商之间的程序进行。

2.5 与政府部门及其他单位的协调

2.5.1 与政府部门的协调

（1）做好与工程质量监督站、安全监督站的交流和协调，了解监督部门相关要求、工作程序。

（2）发生重大质量事故，敦促承包商及时向政府有关部门报告，接受检查和处理。

（3）配合项目法人做好工程合同公证、备案，做好施工现场的文明施工等。

2.5.2 协调与社会团体的关系

一些大型工程建设会给当地的经济发展和人民生活带来好处，项目法人和监理工程师应该把握机会，争取社会各界对工程的关心和支持。

2.6 建设单位与施工单位关系协调

建设单位与施工单位对工程承包合同负有共同履约的责任，工作往来频繁，在往来中对一些具体问题产生某些意见和分歧是常有的事。在这个层次的协调中，由于工程进展的各个阶段的不同，建设单位与施工单位的关系也不尽相同，协调工作随着工程进展阶段的变化而变化。监理工程师应以公正的立场，不偏不倚，处理好双方关系，搞好协调。

2.6.1 招标阶段的协调

中标后建设单位与施工单位的合同洽谈与签订，是监理工程师协调的主要内容。首先要对双方的法人资格和履约能力进行复核。其次，合同中要明确双方的责、权、利，如建设单位要保证资金、材料、设计、建设场地及外部水、电、通信线路的“五落实”；施工单位要实行“五包”，即包工期、包质量、包单价或总价、包材料和包配套竣工。“五落实”未落实而影响“五包”或“五包”未按合同兑现，均应受到处罚。双方处罚条件应当对等。

2.6.2 施工准备阶段的协调

施工准备是顺利组织施工的先决条件。施工准备工作，包括必要的劳动力、材料、机具、技术和场地准备，这就需要建设单位和施工单位双方协作，共同完成，为开工和顺利施工创造条件。期间，项目法人需完成工作较多，监理工程师需督促项目法人履行合同义务。同时检查施工方开工准备工作，发现问题，及时处理。

开工的条件是：有完整的施工图纸；有政府管理部门签发的施工许可证；资金和材料已经落实，能按工程进度需要拨款、供料；施工组织计划已经批准；加工订货设备已经落实；施工条件已经基本落实，现场已“四通一平”（通水、通电、通路、通电信和场地平整）。

建设单位和施工单位双方应有明确的约定和分工。对一些习惯性的做法和问题应事先沟通，以便协调行动。

2.6.3 施工阶段的协调

施工阶段以施工方工作为主，项目法人提供辅助条件。但有时由项目法人提供材料、设备不能按时到场；或者施工现场条件变化；或者需由项目法人确定事宜，不能确定；或者项目法人提出的变更、项目法人工程进度款的支付等都会影响施工方工程进展。监理工程师需做好相应协调工作。

2.7 施工单位之间关系的协调

施工单位之间关系的协调，包括总包与分包之间的协调，以及分别直接发包情况下各施工单位之间的协调。前者的协调，主要由总包负责；后者，各施工单位之间的协调，主要有施工协作配合、施工干扰、施工安全、工程进度、计划的统筹安排等事项，由监理单位负责。以有利于整个工程建设进行，以对整个工程建设目标影响最小作为协调目标，追求各施工方的利益最大化。

3 协调方式

工地会议是项目协调的主要方式。通过工地会议，便于监理工程师对施工进度和质量的矛盾进行协调，同时方便各种信息在建设单位、施工单位之间传递，有利于工程的顺利进行。工地会议可以用来协调建设单位、监理工程师、施工单位之间的矛盾，也可以协调工程施工中的一些矛盾，使矛盾和问题及时得到解决，避免对工程建设项目三大目标产生影响。

3.1 会议协调法

3.1.1 第一次工地会议

第一次工地会议是施工单位、监理单位进入工地后的第一次会议，由监理单位主持，一般参建各方均要参加。它是参建各方相互认识，确定日常工作联络人员和联络方式，并检查开工准备情况的会议。

第一次工地会议的主要内容：

（1）参建各方分别介绍驻现场的机构、人员及其分工情况。

（2）项目法人根据监理合同宣布对总监的授权。

（3）项目法人介绍开工准备情况。

(4)施工单位介绍施工准备情况。

(5)项目法人和监理工程师对施工准备提出意见与要求。

(6)总监介绍监理规划的主要内容。

(7)确定施工过程中监理例会召开时间、地点、主要议题、参加部门及主要人员。

3.1.2 监理例会

由总监或子项目负责人主持,一般每周一次,在规定的时间和地点召开,参建各方主要负责人均应参加。

会议的主要议题有:上周计划、上次会议纪要执行情况(包括问题的解决情况);工程进度、质量、投资、安全、文明施工等现状和存在的问题,及其下一周期计划安排;存在的技术问题;需要协调解决的有关事宜。

会后形成纪要,发各单位参照执行。会议纪要是会议上由与会各方经过协商讨论,对会议内容达成一致意见的会议文件,对参建各方均具有法律效力。纪要由监理单位起草。

会议纪要主要内容有:

(1)召开会议的时间、地点、主持人。

(2)出席单位及其代表的姓名、职务、职称。

(3)发言人及主要发言内容。

(4)决定的事项。

(5)决定的事项由何方(人)何时如何执行。

(6)其他。

3.2 交谈协调法

交谈协调分为当面交谈和电话交谈。

交谈协调法主要作用如下:

(1)保持信息通畅。

(2)寻求协作和帮助。

(3)正确、及时发布工程指令。

3.3 书面协调法

当会议或交谈协调不便或不需时,或需要准确表达意见时采用书面协调法,其特点是具有合同效力。一般常用于:

(1)报告、报表、指令、通知、联系单等。

(2)详细信息的通报、信函、备忘录等。

(3)交谈、口头指令等的书面确认。

3.4 访问协调法

访问协调法主要用于外部协调,分走访和邀访两种。

3.5 情况介绍法

情况介绍法指通过情况介绍,使别人了解有关情况,分口头和书面。

4 组织协调中应注意的问题

(1)必须坚持公平、公正协调原则。

(2)知情是做好协调工作的基础。

(3)组织协调工作要注意方法。

(4)要有原则性、灵活性、针对性、群众性。

(5)解决好矛盾和争议。

思考题

1. 监理工程师应从哪些方面加强与项目法人关系的协调?

2. 监理工程师与施工方协调,在施工阶段协调工作内容有哪些?

3. 第一次工地会议由谁主持? 会议主要内容有哪些?

4. 监理例会主要议题有哪些?

附 件

附件 1 水土保持工程、机电及金属结构设备等级划分标准

一、水土保持工程等级划分标准

Ⅰ等：500 km^2 以上的水土保持综合治理项目；总库容 100 万 m^3 以上、小于 500 万 m^3 的沟道治理工程；征占地面积 500 hm^2 以上的开发建设项目的水土保持工程。

Ⅱ等：150 km^2 以上、小于 500 km^2 的水土保持综合治理项目；总库容 50 万 m^3 以上、小于 100 万 m^3 的沟道治理工程；征占地面积 50 hm^2 以上、小于 500 hm^2 的开发建设项目的水土保持工程。

Ⅲ等：小于 150 km^2 的水土保持综合治理项目；总库容小于 50 万 m^3 的沟道治理工程；征占地面积小于 50 hm^2 的开发建设项目的水土保持工程。

二、机电及金属结构设备等级划分标准

(1)发电机组、水轮机组等级划分标准。

工程规模	划分标准(装机容量，$\times 10^4$ kW)
大型	≥30
中型	5～30
小型	<5

(2)水工金属结构设备(闸门、压力钢管、拦污设备)等级划分标准。

闸门	规格分档	参数标准 FH = 门叶面积(m^2)×设计水头(m)
	大型	$FH \geq 1\ 000$
	中型	$200 \leq FH < 1000$
	小型	$FH < 200$
压力钢管	规格分档	参数标准 DH = 直径(m)×设计水头(m)
	大型	$DH \geq 300$
	中型	$50 \leq DH < 300$
	小型	$DH < 50$

续表

	规格分档	参数标准	
		耙斗式	回转式
拦污设备	大型	耙斗容积≥3 m^3	齿耙宽度(m)×清污深度(m)≥100
	中型	1 m^3≤耙斗容积<3 m^3	30≤齿耙宽度(m)×清污深度(m)<100
	小型	耙斗容积<1 m^3	齿耙宽度(m)×清污深度(m)<30

(3)起重设备等级划分标准。

规格分档	划分标准(起重量 G)
大型	G≥100 t
中型	30 t≤G<100 t
小型	G<30 t

附件 2 专业工程类别和等级表

序号	工程类别		一级	二级	三级
一	房屋建筑工程	一般公共建筑	28 层以上,36 m 跨度以上(轻钢结构除外),单项工程建筑面积 3 万 m^2 以上	14~28 层,24~36 m 跨度(轻钢结构除外),单项工程建筑面积 1 万~3 万 m^2	14 层以下,24 m 跨度以下(轻钢结构除外),单项工程建筑面积 1 万 m^2 以下
		高耸构筑工程	高度 120 m 以上	高度 70~120 m	高度 70 m 以下
		住宅工程	小区建筑面积 12 万 m^2 以上,单项工程 28 层以上	建筑面积 6 万~12 万 m^2,单项工程 14~28 层	建筑面积 6 万 m^2 以下,单项工程 14 层以下
二	冶炼工程	钢铁冶炼、连铸工程	年产 100 万 t 以上,单座高炉炉容 1 250 m^3 以上,单座公称容量转炉 100 t 以上,电炉 50 t 以上,连铸年产 100 万 t 以上或板坯连铸单机 1 450 mm 以上	年产 100 万 t 以下,单座高炉炉容 1 250 m^3 以下,单座公称容量转炉 100 t 以下,电炉 50 t 以下,连铸年产 100 万 t 以下或板坯连铸单机 1 450 mm 以下	
		轧钢工程	热轧年产 100 万 t 以上,装备连续、半连续轧机;冷轧带板年产 100 万 t 以上,冷轧线材年产 30 万 t 以上或装备连续、半连续轧机	热轧年产 100 万 t 以下,装备连续、半连续轧机;冷轧带板年产 100 万 t 以下,冷轧线材年产 30 万 t 以下或装备连续、半连续轧机	
		冶炼辅助工程	炼焦工程年产 50 万 t 以上或炭化室高度 4.3 m 以上,单台烧结机 100 m^3 以上,小时制氧 300 m^3 以上	炼焦工程年产 50 万 t 以下或炭化室高度 4.3 m 以下,单台烧结机 100 m^2 以下,小时制氧 300 m^3 以下	
		有色冶炼工程	有色冶炼年产 10 万 t 以上,有色金属加工年产 5 万 t 以上,氧化铝工程 40 万 t 以上	有色冶炼年产 10 万 t 以下,有色金属加工年产 5 万 t 以下,氧化铝工程 40 万 t 以下	
		建材工程	水泥日产 2 000 t 以上,浮化玻璃日熔量 400 t 以上,池窑拉丝玻璃纤维、特种纤维,特种陶瓷生产线工程	水泥日产 2 000 t 以下,浮化玻璃日熔量 400 t 以下,普通玻璃生产线,组合炉拉丝玻璃纤维,非金属材料、玻璃钢、耐火材料、建筑及卫生陶瓷厂工程	

续表

序号	工程类别		一级	二级	三级
三	矿山工程	煤矿工程	年产120万t以上的井工矿工程,年产120万t以上的洗选煤工程,深度800 m以上的立井井筒工程,年产400万t以上的露天矿山工程	年产120万t以下的井工矿工程,年产120万t以下的洗选煤工程,深度800 m以下的立井井筒工程,年产400万t以下的露天矿山工程	
		冶金矿山工程	年产100万t以上的黑色矿山采选工程,年产100万t以上的有色砂矿采、选工程,年产60万t以上的有色脉矿采、选工程	年产100万t以下的黑色矿山采选工程,年产100万t以下的有色砂矿采、选工程,年产60万t以下的有色脉矿采、选工程	
		化工矿山工程	年产60万t以上的磷矿、硫铁矿工程	年产60万t以下的磷矿、硫铁矿工程	
		铀矿工程	年产10万t以上的铀矿,年产200 t以上的铀选冶	年产10万t以下的铀矿,年产200 t以下的铀选冶	
		建材类非金属矿工程	年产70万t以上的石灰石矿,年产30万t以上的石膏矿,石英砂岩矿	年产70万t以下的石灰石矿,年产30万t以下的石膏矿、石英砂岩矿	
四	化工石油工程	油田工程	原油处理能力150万t/a以上、天然气处理能力150万m^3/d以上、产能50万t以上及配套设施	原油处理能力150万t/a以下、天然气处理能力150万m^3/d以下、产能50万t以下及配套设施	
		油气储运工程	压力容器8 MPa以上,油气储罐10万m^3/台以上,长输管道120 km以上	压力容器8 MPa以下,油气储罐10万m^3/台以下,长输管道120 km以下	
		炼油化工工程	原油处理能力在500万t/a以上的一次加工及相应二次加工装置和后加工装置	原油处理能力在500万t/a以下的一次加工及相应二次加工装置和后加工装置	
		基本原材料工程	年产30万t以上的乙烯工程,年产4万t以上的合成橡胶、合成树脂及塑料和化纤工程	年产30万t以下的乙烯工程,年产4万t以下的合成橡胶、合成树脂及塑料和化纤工程	
		化肥工程	年产20万t以上合成氨及相应后加工装置,年产24万t以上磷氨工程	年产20万t以下合成氨及相应后加工装置,年产24万t以下磷氨工程	
		酸碱工程	年产硫酸16万t以上,年产烧碱8万t以上,年产纯碱40万t以上	年产硫酸16万t以下,年产烧碱8万t以下,年产纯碱40万t以下	
		轮胎工程	年产30万套以上	年产30万套以下	

续表

序号	工程类别		一级	二级	三级
四	化工石油工程	核化工及加工工程	年产 1 000 t 以上的铀转换化工工程,年产 100 t 以上的铀浓缩工程,总投资 10 亿元以上的乏燃料后处理工程,年产 200 t 以上的燃料元件加工工程,总投资 5 000万元以上的核技术及同位素应用工程	年产 1 000 t 以下的铀转换化工工程,年产 100 t 以下的铀浓缩工程,总投资 10 亿元以下的乏燃料后处理工程,年产 200 t 以下的燃料元件加工工程,总投资 5 000万元以下的核技术及同位素应用工程	
		医药及其他化工工程	总投资 1 亿元以上	总投资 1 亿元以下	
五	水利水电工程	水库工程	总库容 1 亿 m^3 以上	总库容 1×10^7 ~ 1×10^8 m^3	总库容 1×10^7 m^3 以下
		水力发电站工程	总装机容量 300 MW 以上	总装机容量 50 ~ 300 MW	总装机容量 50 MW 以下
		其他水利工程	引调水堤防等级 1 级,灌溉排涝流量 5 m^3/s 以上,河道整治面积 30 万亩以上,城市防洪城市人口 50 万人以上,围垦面积 5 万亩以上,水土保持综合治理面积 1 000 km^2 以上	引调水堤防等级 2、3 级,灌溉排涝流量 0.5 ~ 5 m^3/s,河道整治面积 3 万 ~ 30 万亩,城市防洪城市人口 20 万 ~ 50 万人,围垦面积 0.5 万 ~ 5 万亩,水土保持综合治理面积 100 ~ 1 000 km^2	引调水堤防等级 4、5 级,灌溉排涝流量 0.5 m^3/s 以下,河道整治面积 3 万亩以下,城市防洪城市人口 20 万人以下,围垦面积 0.5 万亩以下,水土保持综合治理面积 100 km^2 以下
六	电力工程	火力发电站工程	单机容量 30 万 kW 以上	单机容量 30 万 kW 以下	
		输变电工程	330 kV 以上	330 kV 以下	
		核电工程	核电站,核反应堆工程		
七	农林工程	林业局(场)总体工程	面积 35 万 hm^2 以上	面积 35 万 hm^2 以下	
		林产工业工程	总投资 5 000 万元以上	总投资 5 000 万元以下	
		农业综合开发工程	总投资 3 000 万元以上	总投资 3 000 万元以下	
		种植业工程	2 万亩以上或总投资 1 500万元以上	2 万亩以下或总投资 1 500万元以下	

续表

序号	工程类别		一级	二级	三级
七	农林工程	兽医/畜牧工程	总投资1 500万元以上	总投资1 500万元以下	
		渔业工程	渔港工程总投资3 000万元以上,水产养殖等其他工程总投资1 500万元以上	渔港工程总投资3 000万元以下,水产养殖等其他工程总投资1 500万元以下	
		设施农业工程	设施园艺工程1 hm^2 以上,农产品加工等其他工程总投资1 500万元以上	设施园艺工程1 hm^2 以下,农产品加工等其他工程总投资1 500万元以下	
		核设施退役及放射性三废处理处置工程	总投资5 000万元以上	总投资5 000万元以下	
八	铁路工程	铁路综合工程	新建、改建一级干线,单线铁路40 km以上,双线30 km以上及枢纽	单线铁路40 km以下,双线30 km以下,二级干线及站线,专用线,专用铁路	
		铁路桥梁工程	桥长500 m以上	桥长500 m以下	
		铁路隧道工程	单线3 000 m以上,双线1 500 m以上	单线3 000 m以下,双线1 500 m以下	
		铁路通信、信号、电力电气化工程	新建、改建铁路(含枢纽,配、变电所,分区亭)单双线200 km及以上	新建、改建铁路(不含枢纽,配、变电所,分区亭)单双线200 km及以下	
九	公路工程	公路工程	高速公路	高速公路路基工程及一级公路	一级公路路基工程及二级以下各级公路
		公路桥梁工程	独立大桥工程,特大桥总长1 000 m以上或单跨跨径150 m以上	大桥、中桥桥梁总长30~1 000 m或单跨跨径20~150 m	小桥总长30 m以下或单跨跨径20 m以下,涵洞工程
		公路隧道工程	隧道长度1 000 m以上	隧道长度500~1 000 m	隧道长度500 m以下
		其他工程	通信、监控、收费等机电工程,高速公路交通安全设施、环保工程和沿线附属设施	一级公路交通安全设施、环保工程和沿线附属设施	二级及以下公路交通安全设施、环保工程和沿线附属设施
十	港口与航道工程	港口工程	集装箱、件杂、多用途等沿海港口工程20 000吨级以上,散货、原油沿海港口工程30 000吨级以上,1 000吨级以上内河港口工程	集装箱、件杂、多用途等沿海港口工程20 000吨级以下,散货、原油沿海港口工程30 000吨级以下,1 000吨级以下内河港口工程	

续表

序号	工程类别		一级	二级	三级
十	港口与航道工程	通航建筑与整治工程	1 000 吨级以上	1 000 吨级以下	
		航道工程	通航 30 000 吨级以上船舶沿海复杂航道，通航 1 000吨级以上船舶的内河航运工程项目	通航 30 000 吨级以下船舶沿海航道，通航 1 000 吨级以下船舶的内河航运工程项目	
		修造船水工工程	10 000 吨位以上的船坞工程，船体重量 5 000 吨位以上的船台、滑道工程	10 000 吨位以下的船坞工程，船体重量 5 000 吨位以下的船台、滑道工程	
		防波堤、导流堤等水工工程	最大水深 6 m 以上	最大水深 6 m 以下	
		其他水运工程项目	建安工程费 6 000 万元以上的沿海水运工程项目，建安工程费 4 000 万元以上的内河水运工程项目	建安工程费 6 000 万元以下的沿海水运工程项目，建安工程费 4 000 万元以下的内河水运工程项目	
十一	航天航空工程	民用机场工程	飞行区指标为 4E 及以上及其配套工程	飞行区指标为 4D 及以下及其配套工程	
		航空飞行器	航空飞行器（综合）工程总投资 1 亿元以上，航空飞行器（单项）工程总投资 3 000 万元以上	航空飞行器（综合）工程总投资 1 亿元以下，航空飞行器（单项）工程总投资 3 000 万元以下	
		航天空间飞行器	工程总投资 3 000 万元以上，面积 3 000 m^2 以上，跨度 18 m 以上	工程总投资 3 000 万元以下，面积 3 000 m^2 以下，跨度 18 m 以下	
十二	通信工程	有线、无线传输通信工程，卫星、综合布线	省际通信、信息网络工程	省内通信、信息网络工程	
		邮政、电信、广播枢纽及交换工程	省会城市邮政、电信枢纽	地市级城市邮政、电信枢纽	
		发射台工程	总发射功率 500 kW 以上短波或 600 kW 以上中波发射台，高度 200 m 以上广播电视发射塔	总发射功率 500 kW 以下短波或 600 kW 以下中波发射台，高度 200 m 以下广播电视发射塔	

续表

序号	工程类别		一级	二级	三级
十三	市政公用工程	城市道路工程	城市快速路、主干路，城市互通式立交桥及单孔跨径 100 m 以上桥梁；长度 1 000 m 以上的隧道工程	城市次干路工程，城市分离式立交桥及单孔跨径 100 m 以下的桥梁；长度 1 000 m 以下的隧道工程	城市支路工程、过街天桥及地下通道工程
		给水排水工程	10 万 t/d 以上的给水厂，5 万 t/d 以上污水处理工程，3 m^3/s 以上的给水、污水泵站，15 m^3/s 以上的雨泵站，直径 2.5 m 以上的给水排水管道	2 万～10 万 t/d 的给水厂，1 万～5 万 t/d 污水处理工程，1～3 m^3/s 的给水、污水泵站，5～15 m^3/s 的雨泵站，直径 1～2.5 m 的给水管道，直径 1.5～2.5 m 的排水管道	2 万 t/d 以下的给水厂，1 万 t/d 以下污水处理工程，1 m^3/s 以下的给水、污水泵站，5 m^3/s 以下的雨泵站，直径 1 m 以下的给水管道，直径 1.5 m 以下的排水管道
		燃气热力工程	总储存容积 1 000 m^3 以上液化气贮罐场(站)，供气规模 15 万 m^3/d 以上的燃气工程，中压以上的燃气管道、调压站，供热面积 150 万 m^2 以上的热力工程	总储存容积 1 000 m^3 以下的液化气贮罐场(站)，供气规模 15 万 m^3/d 以下的燃气工程，中压以下的燃气管道、调压站，供热面积 50 万～150 万 m^2 的热力工程	供热面积 50 万 m^2 以下的热力工程
		垃圾处理工程	1 200 t/d 以上的垃圾焚烧和填埋工程	500～1 200 t/d 的垃圾焚烧及填埋工程	500 t/d 以下的垃圾焚烧及填埋工程
		地铁轻轨工程	各类地铁轻轨工程		
		风景园林工程	总投资 3 000 万元以上	总投资 1 000 万～3 000 万元	总投资 1 000 万元以下
十四	机电安装工程	机械工程	总投资 5 000 万元以上	总投资 5 000 万以下	
		电子工程	总投资 1 亿元以上，含有净化级别 6 级以上的工程	总投资 1 亿元以下，含有净化级别 6 级以下的工程	
		轻纺工程	总投资 5 000 万元以上	总投资 5 000 万元以下	
		兵器工程	建安工程费 3 000 万元以上的坦克装甲车辆、炸药、弹箭工程，建安工程费 2 000 万元以上的枪炮、光电工程，建安工程费 1 000 万元以上的防化民爆工程	建安工程费 3 000 万元以下的坦克装甲车辆、炸药、弹箭工程，建安工程费 2 000 万元以下的枪炮、光电工程，建安工程费 1 000 万元以下的防化民爆工程	
		船舶工程	船舶制造工程总投资 1 亿元以上，船舶科研、机械、修理工程总投资 5 000 万元以上	船舶制造工程总投资 1 亿元以下，船舶科研、机械、修理工程总投资 5 000 万元以下	
		其他工程	总投资 5 000 万元以上	总投资 5 000 万元以下	

注：1 亩 = 1/15 hm^2。

附件3　水利工程质量评定验收有关表格

附件3表1　岩石地基开挖单元工程质量评定表(不划分工序项目)

单位工程名称		单元工程量	
分部工程名称		施工单位	
单元工程名称、部位		检验日期	年　月　日

项次	检查项目	质量标准	检验记录
1	△保护层开挖	浅孔、密孔、少药量、火炮爆破	
2	△建基面	无松动岩块,无爆破影响裂隙	
3	△断层及裂隙密集带	按规定挖槽,槽深为宽度的1~1.5倍。规模较大时,按设计要求处理	
4	△多组切割的不稳定岩体	按设计要求处理	
5	岩溶洞穴	按设计要求处理	
6	软弱夹层	厚度>5 cm者,挖至新鲜岩层或设计规定的深度	
7	夹泥裂隙	挖1~1.5倍断层宽度,清除夹泥,或按设计要求处理	

项次	检测项目			设计值	允许偏差(cm)	实测值	合格数(点)	合格率(%)
1	无结构要求或无配筋	坑(槽)长宽	<5 m		+20,-10			
2			5~10 m		+30,-2			
3			10~15 m		+40,-30			
4			>15 m		+50,-30			
5		坑(槽)底部标高			+20,-10			
6		垂直或斜面平整度			20			
7	有结构要求或有配筋	坑(槽)长宽	<5 m		+10,-0			
8			5~10 m		+20,-0			
9			10~15 m		+30,-0			
10			>15 m		+40,-0			
11		坑(槽)底部标高			+20,-0			
12		垂直或斜面平整度			15			
检测结果	共检测　点,其中合格　点,合格率　%							

评定意见	单元工程质量等级
主要检查项目全部符合质量标准。一般检查项目　　。检测项目实测点合格率　%	

施工单位		建设(监理)单位	

注:"+"为超挖,"-"为欠挖。

附件3表2　混凝土单元工程质量评定表(划分工序项目)

单位工程名称		单元工程量	
分部工程名称		施工单位	
单元工程名称、部位		评定日期	年　月　日

项次	工序名称	工序质量等级
1	基础面或混凝土施工缝处理	
2	模板	
3	△钢筋	
4	止水、伸缩缝和排水管安装	
5	△混凝土浇筑	
评定意见		单元工程质量等级
工序质量全部合格,主要工序——钢筋、混凝土浇筑两工序质量		

施工单位		建设(监理)单位	

附件3表3　基础面或混凝土施工缝处理工序质量评定表

单位工程名称		单元工程量	
分部工程名称		施工单位	
单元工程名称、部位		检验日期	年　月　日

项次	检查项目	质量标准	检验记录
1	基础岩面		
(1)	△建基面	无松动岩块	
(2)	△地表水和地下水	妥善引排或封堵	
(3)	岩面清洗	清洗洁净,无积水、无积渣杂物	
2	混凝土施工缝		
(1)	△表面处理	无乳皮、成毛面	
(2)	混凝土表面清洗	清洗洁净,无积水、无积渣杂物	
3	软基面		
(1)	△建基面	预留保护层已挖除,地质符合设计要求	
(2)	垫层铺填	符合设计要求	
(3)	基础面清理	无乱石、杂物,坑洞分层回填夯实	
评定意见			工序质量等级
主要检查项目全部符合质量标准,一般检查项目			

施工单位		建设(监理)单位	

附件 3 表 4 混凝土模板工序质量评定表

单位工程名称		单元工程量	
分部工程名称		施工单位	
单元工程名称、部位		检验日期	年 月 日

项次	检查项目	质量标准	检验记录
1	△稳定性、刚度和强度	符合设计要求	
2	模板表面	光洁、无污物	

项次	检测项目	设计值	允许偏差(mm)			实测值	合格数（点）	合格率（%）
			外露表面		隐蔽内面			
			钢模	木模				
1	模板平整度：相邻两板面高差		2	3	5			
2	局部不平（用 2 m 直尺检查）		2	5	10			
3	板面缝隙		1	2	2			
4	结构物边线与设计边线		10		15			
5	结构物水平断面内部尺寸		±20					
6	承重模板标高		±5					
7	预留孔、洞尺寸及位置		±10					

检测结果	共检测 点，其中合格 点，合格率 %

评定意见	单元工程质量等级
主要检查项目全部符合质量标准。一般检查项目 。 检测项目实测点合格率 %	

施工单位		建设（监理）单位	

附件 3 表 5　钢筋工序质量评定表

<table>
<tr><td colspan="3">单位工程名称</td><td colspan="2"></td><td colspan="2">单元工程量</td><td colspan="3"></td></tr>
<tr><td colspan="3">分部工程名称</td><td colspan="2"></td><td colspan="2">施工单位</td><td colspan="3"></td></tr>
<tr><td colspan="3">单元工程名称、部位</td><td colspan="2"></td><td colspan="2">检验日期</td><td colspan="3">年　月　日</td></tr>
<tr><td>项次</td><td colspan="3">检查项目</td><td colspan="3">质量标准</td><td colspan="3">检验记录</td></tr>
<tr><td>1</td><td colspan="3">△钢筋的数量、规格尺寸、安装位置、材质报告</td><td colspan="3">符合设计图纸</td><td colspan="3"></td></tr>
<tr><td>2</td><td colspan="3">焊缝表面和焊缝中</td><td colspan="3">不允许有裂缝</td><td colspan="3"></td></tr>
<tr><td>3</td><td colspan="3">△脱焊点和漏焊点</td><td colspan="3">无</td><td colspan="3"></td></tr>
<tr><td>项次</td><td colspan="4">检测项目</td><td>设计值</td><td>允许偏差（mm）</td><td>实测值</td><td>合格数（点）</td><td>合格率（%）</td></tr>
<tr><td>1</td><td rowspan="8">点焊及电弧焊</td><td colspan="3">帮条对焊接头中心的纵向偏移</td><td></td><td>0.5d</td><td></td><td></td><td></td></tr>
<tr><td>2</td><td colspan="3">接头处钢筋轴线的曲折</td><td></td><td>4°</td><td></td><td></td><td></td></tr>
<tr><td rowspan="6">3</td><td rowspan="6">△焊缝</td><td colspan="2">长度</td><td></td><td>-0.5d</td><td></td><td></td><td></td></tr>
<tr><td colspan="2">高度</td><td></td><td>-0.05d</td><td></td><td></td><td></td></tr>
<tr><td colspan="2">宽度</td><td></td><td>-0.1d</td><td></td><td></td><td></td></tr>
<tr><td colspan="2">咬边深度</td><td></td><td>0.05d
不大于 1</td><td></td><td></td><td></td></tr>
<tr><td rowspan="2">表面气孔夹渣</td><td>在 2d 长度上</td><td></td><td>不多于 2 个</td><td></td><td></td><td></td></tr>
<tr><td>气孔、夹渣直径</td><td></td><td>不大于 3</td><td></td><td></td><td></td></tr>
<tr><td rowspan="3">4</td><td rowspan="3">△绑扎</td><td colspan="3">缺扣、松扣</td><td></td><td>≤20%
且不集中</td><td></td><td></td><td></td></tr>
<tr><td colspan="3">弯钩朝向正确</td><td></td><td>符合设计图纸</td><td></td><td></td><td></td></tr>
<tr><td colspan="3">搭接长度</td><td></td><td>-0.05
设计值</td><td></td><td></td><td></td></tr>
</table>

续表

项次	检测项目			设计值	允许偏差（mm）	实测值	合格数（点）	合格率（%）
5	对焊及熔槽焊	△焊接接头根部未焊透深度	ϕ(25～40) mm		0.15d			
			ϕ(40～70) mm 钢筋		0.10d			
		接头处钢筋中心线的位移			0.1d，不大于2			
		焊缝表面（长为2d）和焊缝截面上蜂窝、气孔、非金属杂质			不大于1.5d,3个			
6	钢筋长度方向的偏差				±1/2 净保护层厚			
7	同一排受力钢筋间距的局部偏差	柱及梁			±0.5d			
		板、墙			±0.1 间距			
8	同一排中分布钢筋间距的偏差				±0.1 间距			
9	双排钢筋，其排与排间距的局部偏差				±0.1 排距			
10	梁与柱中钢箍间距的偏差				0.1 箍筋间距			
11	保护层厚度的局部偏差				±1/4 净保护层厚			

检测结果	共检测 点，其中合格 点，合格率 %

评定意见	工序质量等级
主要检查项目全部符合质量标准。一般检查项目 。检测项目实测点合格率 %	

施工单位		建设（监理）单位	

附件 3 表 6　止水、伸缩缝和排水管安装工序质量评定表

单位工程名称		单元工程量			
分部工程名称		施工单位			
单元工程名称、部位		检验日期	年	月	日

项次	检查项目		质量标准	检验记录
1	伸缩缝制作及安装	涂敷沥青料	混凝土表面洁净干燥，涂刷均匀平整，与混凝土粘接紧密，无气泡及隆起现象	
2		粘贴沥青油毛毡	伸缩缝表面清洁干燥，蜂窝麻面已处理并填平，外露施工铁件割除，铺设厚度均匀平整，搭接紧密	
3		铺设预制油毡板	混凝土表面清洁，蜂窝麻面处理并填平，外露施工铁件割除，铺设厚度均匀平整、牢固，相邻块安装紧密平整无缝	
4		△沥青井、柱安装	电热原件及绝缘材料置放准确牢固，不短路，沥青填塞密实，安装位置准确、稳固，上下层衔接好	

项次	检测项目			设计值	允许偏差（mm）	实测值	合格数（点）	合格率（%）
1	金属、塑料、橡胶止水	金属止水片的几何尺寸	宽		±5			
2			高（牛鼻子）		±2			
			长		±20			
3		△金属止水片搭接长度			不小于 20，双面氧焊			
		安装偏差：大体积混凝土细部结构			±30，20			
4		△插入基岩部分			符合设计要求			
1	坝体排水管安装	拔管排水管	平面位置		≤100			
2			倾斜度		≤4%			
3		多孔性排水管	平面位置		≤100			
4			倾斜度		≤4%			
5		△排水管通畅性			通畅			

检测结果	共检测　　点，其中合格　　点，合格率　　%		
评定意见		工序质量等级	
主要检查项目全部符合质量标准。一般检查项目　　。检测项目实测点合格率　　%			
施工单位		建设（监理）单位	

附件3表7 混凝土浇筑工序质量评定表

单位工程名称			单元工程量	
分部工程名称			施工单位	
单元工程名称、部位			检验日期	年 月 日

项次	检查项目	质量标准		检验记录
		优良	合格	
1	砂浆铺筑	厚度不大于3 cm,均匀平整、无漏铺	厚度不大于3 cm,局部稍差	
2	△入仓混凝土料	无不合格料入仓	少量不合格料入仓,经处理尚能基本满足设计要求	
3	△平仓分层	厚度不大于50 cm,铺设均匀,分层清楚,无骨料集中现象	局部稍差	
4	△混凝土振捣	垂直插入下层5 cm,有次序,无漏振	无架空和漏振	
5	△铺料间歇时间	符合要求,无初凝现象	上游迎水面15 m以内无初凝现象,其他部位初凝累计面积不超过1%并经处理合格	
6	积水和泌水	无外部水流入,泌水排除及时	无外部水流入,有少量泌水,排除不够及时	
7	插筋、管路等埋设件保护	保护好,符合要求	有少量位移,但不影响使用	
8	混凝土养护	混凝土表面保持湿润,无时干时湿现象	混凝土表面保持湿润,但局部短时间有时干时湿现象	
9	△有表面平整要求的部位	符合设计规定	局部稍超出规定,但累计面积不超过0.5%	
10	麻面	无	少量麻面,但累计面积不超过0.5%	
11	蜂窝、狗洞	无	轻微、少量、不连续,单个面积不超过0.1 m^2,深度不超过骨料最大粒径,已按要求处理	
12	△露筋	无	无主筋外露,箍、副筋个别微露,已按要求处理	
13	碰损掉角	无	重要部位不允许,其他部位轻微少量,已按要求处理	
14	表面裂缝	无	有短小,不跨层的表面裂缝,已按要求处理	
15	△深层及贯穿裂缝	无	无	

评定意见	工序质量等级
主要检查项目全部符合质量标准。一般检查项目 。 检测项目实测点合格率 %	

施工单位		建设(监理)单位	

附件3 表8　分部工程施工质量评定表

<table>
<tr><td colspan="2">单位工程名称</td><td colspan="2"></td><td colspan="2">单元工程量</td><td></td></tr>
<tr><td colspan="2">分部工程名称</td><td colspan="2"></td><td colspan="2">施工单位</td><td>自　年　月　日至　年　月　日</td></tr>
<tr><td colspan="2">分部工程量</td><td colspan="2"></td><td colspan="2">自评日期</td><td>年　月　日</td></tr>
<tr><td>项次</td><td>单元工程种类</td><td>工程量</td><td>单元工程个数</td><td>合格个数</td><td>其中优良个数</td><td>说明</td></tr>
<tr><td>1</td><td></td><td></td><td></td><td></td><td></td><td></td></tr>
<tr><td>2</td><td></td><td></td><td></td><td></td><td></td><td></td></tr>
<tr><td>3</td><td></td><td></td><td></td><td></td><td></td><td></td></tr>
<tr><td>4</td><td></td><td></td><td></td><td></td><td></td><td></td></tr>
<tr><td>5</td><td></td><td></td><td></td><td></td><td></td><td></td></tr>
<tr><td>6</td><td></td><td></td><td></td><td></td><td></td><td></td></tr>
<tr><td colspan="2">合计</td><td></td><td></td><td></td><td></td><td></td></tr>
<tr><td colspan="2">重要隐蔽单元工程、关键部位单元工程</td><td></td><td></td><td></td><td></td><td></td></tr>
<tr><td colspan="4">施工单位自评意见</td><td colspan="2">监理单位复核意见</td><td>项目法人认定意见</td></tr>
<tr><td colspan="4">本分部工程的单元工程质量全部合格。优良率为　　%，重要隐蔽单元工程及关键部位单元工程　　个，优良率为　　%。原材料质量　　，中间产品质量　　，金属结构及启闭机制造质量　　，机电产品质量　　。质量事故及质量缺陷处理情况：
分部工程质量等级：
评定人：
项目技术负责人：　　（盖公章）
年　月　日</td><td colspan="2">复核意见：
分部工程质量等级：
监理工程师：
总监或副总监：
（盖公章）
年　月　日</td><td>认定意见：
分部工程质量等级：
现场代表：
技术负责人：
（盖公章）
年　月　日</td></tr>
<tr><td colspan="2">工程质量监督机构</td><td colspan="5">核定（备）意见：
核定等级：　　核定（备）人：（签名）　　负责人：（签名）</td></tr>
</table>

注：分部工程验收的质量结论，由项目法人报工程质量监督机构核备。大型枢纽工程主要建筑物的分部工程验收的质量结论，由项目法人报工程质量监督机构核定。

附件3表9 单位工程质量评定表

<table>
<tr><td colspan="3">工程项目名称</td><td></td><td>施工单位</td><td colspan="3"></td></tr>
<tr><td colspan="3">单位工程名称</td><td></td><td>施工日期</td><td colspan="3">自 年 月 日至 年 月 日</td></tr>
<tr><td colspan="3">单位工程量</td><td></td><td>评定日期</td><td colspan="3">年 月 日</td></tr>
<tr><td rowspan="2">序号</td><td rowspan="2">分部工程名称</td><td colspan="2">质量等级</td><td rowspan="2">序号</td><td rowspan="2">分部工程名称</td><td colspan="2">质量等级</td></tr>
<tr><td>合格</td><td>优良</td><td>合格</td><td>优良</td></tr>
<tr><td>1</td><td></td><td></td><td></td><td>8</td><td></td><td></td><td></td></tr>
<tr><td>2</td><td></td><td></td><td></td><td>9</td><td></td><td></td><td></td></tr>
<tr><td>3</td><td></td><td></td><td></td><td>10</td><td></td><td></td><td></td></tr>
<tr><td>4</td><td></td><td></td><td></td><td>11</td><td></td><td></td><td></td></tr>
<tr><td>5</td><td></td><td></td><td></td><td>12</td><td></td><td></td><td></td></tr>
<tr><td>6</td><td></td><td></td><td></td><td>13</td><td></td><td></td><td></td></tr>
<tr><td>7</td><td></td><td></td><td></td><td>14</td><td></td><td></td><td></td></tr>
<tr><td colspan="8">分部工程共 个，其中优良 个，优良率 %，主要分部工程优良率 %</td></tr>
<tr><td colspan="3">外观质量</td><td colspan="5">应得 分，实得 分，得分率 %</td></tr>
<tr><td colspan="3">施工质量检验资料</td><td colspan="5"></td></tr>
<tr><td colspan="3">质量事故处理情况</td><td colspan="5"></td></tr>
<tr><td colspan="3">观测资料分析结论</td><td colspan="5"></td></tr>
<tr><td colspan="2">施工单位自评等级：
评定人：
项目经理：
年 月 日</td><td colspan="2">监理单位复核等级：
复核人：
总监或副总监：
年 月 日</td><td colspan="2">项目法人认定等级：
认定人：
单位负责人：
年 月 日</td><td colspan="2">质量监督机构核定等级：
核定人：
机构负责人：
年 月 日</td></tr>
</table>

附件3表10　单位工程施工质量检验资料核查表

<table>
<tr><td>单位工程名称</td><td colspan="2">枢纽工程改造</td><td>施工单位</td><td></td></tr>
<tr><td></td><td colspan="2"></td><td>核定日期</td><td>年　月　日</td></tr>
<tr><td>项次</td><td colspan="2">项目</td><td>份数</td><td>核查情况</td></tr>
<tr><td>1</td><td rowspan="11">原材料</td><td>水泥出厂合格证、厂家试验报告</td><td></td><td rowspan="11"></td></tr>
<tr><td>2</td><td>钢材出厂合格证、厂家试验报告</td><td></td></tr>
<tr><td>3</td><td>外加剂出厂合格证及技术性能指标</td><td></td></tr>
<tr><td>4</td><td>粉煤灰出厂合格证及技术性能指标</td><td></td></tr>
<tr><td>5</td><td>防水材料出厂合格证、厂家试验报告</td><td></td></tr>
<tr><td>6</td><td>止水带出厂合格证及技术性能试验报告</td><td></td></tr>
<tr><td>7</td><td>土工布出厂合格证及技术性能试验报告</td><td></td></tr>
<tr><td>8</td><td>装饰材料出厂合格证及有关技术性能试验报告</td><td></td></tr>
<tr><td>9</td><td>水泥复检报告及统计资料</td><td></td></tr>
<tr><td>10</td><td>钢材复检报告及统计资料</td><td></td></tr>
<tr><td>11</td><td>其他原材料出厂合格证及技术性能资料</td><td></td></tr>
<tr><td>12</td><td rowspan="6">中间产品</td><td>砂、石骨料试验资料</td><td></td><td rowspan="6"></td></tr>
<tr><td>13</td><td>石料试验资料</td><td></td></tr>
<tr><td>14</td><td>混凝土拌和物检查资料</td><td></td></tr>
<tr><td>15</td><td>混凝土试件统计资料</td><td></td></tr>
<tr><td>16</td><td>砂浆拌和物及试件统计资料</td><td></td></tr>
<tr><td>17</td><td>混凝土预制件(块)检验资料</td><td></td></tr>
<tr><td>18</td><td rowspan="10">金属结构及启闭机</td><td>拦污栅出厂合格证及有关技术文件</td><td></td><td rowspan="10"></td></tr>
<tr><td>19</td><td>闸门出厂合格证及有关技术文件</td><td></td></tr>
<tr><td>20</td><td>启闭机出厂合格证及有关技术文件</td><td></td></tr>
<tr><td>21</td><td>压力钢管生产许可证及有关技术文件</td><td></td></tr>
<tr><td>22</td><td>闸门、拦污栅安装测量记录</td><td></td></tr>
<tr><td>23</td><td>压力钢管安装测量记录</td><td></td></tr>
<tr><td>24</td><td>启闭机安装测量记录</td><td></td></tr>
<tr><td>25</td><td>焊接记录及探伤报告</td><td></td></tr>
<tr><td>26</td><td>焊工资质证明材料(复印件)</td><td></td></tr>
<tr><td>27</td><td>运行试验记录</td><td></td></tr>
</table>

续表

<table>
<tr><td>单位工程名称</td><td colspan="2" rowspan="2">枢纽工程改造</td><td>施工单位</td><td></td></tr>
<tr><td></td><td>核定日期</td><td>年　月　日</td></tr>
<tr><td>项次</td><td colspan="2">项目</td><td>份数</td><td>核查情况</td></tr>
<tr><td>28</td><td rowspan="12">机电设备</td><td>产品出厂合格证、厂家提交的安装说明书及有关文件</td><td></td><td rowspan="12"></td></tr>
<tr><td>29</td><td>重大设备质量缺陷处理资料</td><td></td></tr>
<tr><td>30</td><td>水轮发电机组安装测量记录</td><td></td></tr>
<tr><td>31</td><td>升压变电设备安装测试记录</td><td></td></tr>
<tr><td>32</td><td>电气设备安装测试记录</td><td></td></tr>
<tr><td>33</td><td>焊缝探伤报告及焊工资质证明</td><td></td></tr>
<tr><td>34</td><td>机组调试及试验记录</td><td></td></tr>
<tr><td>35</td><td>水力机械辅助设备试验记录</td><td></td></tr>
<tr><td>36</td><td>发电电气设备试验记录</td><td></td></tr>
<tr><td>37</td><td>升压变电电气设备检测试验报告</td><td></td></tr>
<tr><td>38</td><td>管道试验记录</td><td></td></tr>
<tr><td>39</td><td>72 h 试运行记录</td><td></td></tr>
<tr><td>40</td><td rowspan="7">重要隐蔽工程施工记录</td><td>灌浆记录、图表</td><td></td><td rowspan="7"></td></tr>
<tr><td>41</td><td>造孔灌注桩施工记录、图表</td><td></td></tr>
<tr><td>42</td><td>振冲桩振冲记录</td><td></td></tr>
<tr><td>43</td><td>基础排水工程施工记录</td><td></td></tr>
<tr><td>44</td><td>地下防渗墙施工记录</td><td></td></tr>
<tr><td>45</td><td>主要建筑物地基开挖处理记录</td><td></td></tr>
<tr><td>46</td><td>其他重要施工记录</td><td></td></tr>
<tr><td>47</td><td rowspan="4">综合资料</td><td>质量事故调查及处理报告、重大缺陷处理检查记录</td><td></td><td rowspan="4"></td></tr>
<tr><td>48</td><td>工程试运行期观测资料</td><td></td></tr>
<tr><td>49</td><td>工序、单元工程质量评定表</td><td></td></tr>
<tr><td>50</td><td>分部工程、单位工程质量评定表</td><td></td></tr>
<tr><td colspan="3">施工单位自查意见</td><td colspan="2">监理单位复查结论</td></tr>
<tr><td colspan="3">自查：
填表人：
质检部门负责人：
年　月　日</td><td colspan="2">复查：
监理工程师：
监理单位：
年　月　日</td></tr>
</table>

附件3表11　工程项目施工质量评定表

<table>
<tr><td colspan="2">工程项目名称</td><td colspan="3"></td><td>项目法人</td><td colspan="4"></td></tr>
<tr><td colspan="2">工程等级</td><td colspan="3"></td><td>设计单位</td><td colspan="4"></td></tr>
<tr><td colspan="2">建设地点</td><td colspan="3"></td><td>监理单位</td><td colspan="4"></td></tr>
<tr><td colspan="2">主要工程量</td><td colspan="3"></td><td>施工单位</td><td colspan="4"></td></tr>
<tr><td colspan="2">开工、竣工日期</td><td colspan="3">自　　年　月　日
至　　年　月　日</td><td>评定日期</td><td colspan="4">年　月　日</td></tr>
<tr><td rowspan="2">序号</td><td rowspan="2">单位工程名称</td><td colspan="3">质量等级</td><td colspan="3">分部工程质量统计</td><td rowspan="2">单位工程等级</td><td rowspan="2">备注</td></tr>
<tr><td>个数（个）</td><td>其中优良（个）</td><td>优良率（%）</td><td>个数（个）</td><td>其中优良（个）</td><td>优良率（%）</td></tr>
<tr><td>1</td><td></td><td></td><td></td><td></td><td></td><td></td><td></td><td></td><td rowspan="7">加△者为主要单位工程</td></tr>
<tr><td>2</td><td></td><td></td><td></td><td></td><td></td><td></td><td></td><td></td></tr>
<tr><td>3</td><td></td><td></td><td></td><td></td><td></td><td></td><td></td><td></td></tr>
<tr><td>4</td><td></td><td></td><td></td><td></td><td></td><td></td><td></td><td></td></tr>
<tr><td>5</td><td></td><td></td><td></td><td></td><td></td><td></td><td></td><td></td></tr>
<tr><td>6</td><td></td><td></td><td></td><td></td><td></td><td></td><td></td><td></td></tr>
<tr><td colspan="2">单元工程、分部工程合计</td><td></td><td></td><td></td><td></td><td></td><td></td><td></td></tr>
<tr><td colspan="2">评定结果</td><td colspan="8">本项目单位工程　　个，质量全部合格。其中优良工程　　个，优良率　　%，主要单位工程优良率　　%</td></tr>
<tr><td colspan="3">观测资料分析结论</td><td colspan="7"></td></tr>
<tr><td colspan="3">监理单位意见</td><td colspan="3">项目法人意见</td><td colspan="4">工程质量监督机构核定意见</td></tr>
<tr><td colspan="3">工程项目质量等级：

总监理工程师：

监理单位：
年　月　日</td><td colspan="3">工程项目质量等级：

法定代表人：

项目法人：
年　月　日</td><td colspan="4">工程项目质量等级：

负责人：

质量监督机构：
年　月　日</td></tr>
</table>

附件3表12 堤防工程外观质量评定表

<table>
<tr><td colspan="3">单位工程名称</td><td colspan="2"></td><td colspan="2">施工单位</td><td></td></tr>
<tr><td colspan="3">主要工程量</td><td colspan="2"></td><td colspan="2">评定日期</td><td>年 月 日</td></tr>
<tr><td rowspan="2">项次</td><td rowspan="2" colspan="2">项目</td><td rowspan="2">标准分（分）</td><td colspan="4">评定得分(分)</td><td rowspan="2">备注</td></tr>
<tr><td>一级100%</td><td>二级90%</td><td>三级70%</td><td>四级0</td></tr>
<tr><td>1</td><td colspan="2">外部尺寸</td><td>30</td><td></td><td></td><td></td><td></td><td></td></tr>
<tr><td>2</td><td colspan="2">轮廓线</td><td>10</td><td></td><td></td><td></td><td></td><td></td></tr>
<tr><td>3</td><td colspan="2">表面平整度</td><td>10</td><td></td><td></td><td></td><td></td><td></td></tr>
<tr><td>4</td><td colspan="2">曲面与平面联接</td><td>5</td><td></td><td></td><td></td><td></td><td></td></tr>
<tr><td>5</td><td colspan="2">排水</td><td>5</td><td></td><td></td><td></td><td></td><td></td></tr>
<tr><td>6</td><td colspan="2">上堤马道</td><td>3</td><td></td><td></td><td></td><td></td><td></td></tr>
<tr><td>7</td><td colspan="2">堤顶附属设施</td><td>5</td><td></td><td></td><td></td><td></td><td></td></tr>
<tr><td>8</td><td colspan="2">防汛备料堆放</td><td>5</td><td></td><td></td><td></td><td></td><td></td></tr>
<tr><td>9</td><td colspan="2">草皮</td><td>8</td><td></td><td></td><td></td><td></td><td></td></tr>
<tr><td>10</td><td colspan="2">植树</td><td>8</td><td></td><td></td><td></td><td></td><td></td></tr>
<tr><td>11</td><td colspan="2">砌体排放</td><td>5</td><td></td><td></td><td></td><td></td><td></td></tr>
<tr><td>12</td><td colspan="2">砌缝</td><td>10</td><td></td><td></td><td></td><td></td><td></td></tr>
<tr><td colspan="3">合计</td><td colspan="6">应得 分，实得 分，得分率 %</td></tr>
<tr><td rowspan="6">外观质量评定组</td><td colspan="2">单位</td><td colspan="2">单位名称</td><td colspan="2">职称</td><td colspan="2">签名</td></tr>
<tr><td colspan="2">项目法人</td><td colspan="2"></td><td colspan="2"></td><td colspan="2"></td></tr>
<tr><td colspan="2">监理单位</td><td colspan="2"></td><td colspan="2"></td><td colspan="2"></td></tr>
<tr><td colspan="2">设计单位</td><td colspan="2"></td><td colspan="2"></td><td colspan="2"></td></tr>
<tr><td colspan="2">施工单位</td><td colspan="2"></td><td colspan="2"></td><td colspan="2"></td></tr>
<tr><td colspan="2">运行管理单位</td><td colspan="2"></td><td colspan="2"></td><td colspan="2"></td></tr>
<tr><td colspan="3">工程质量监督机构</td><td colspan="6">核定意见：

核定人：(签名)加盖公章
年 月 日</td></tr>
</table>

附件 3 表 13　明(暗)渠工程外观质量评定表

<table>
<tr><td colspan="3">单位工程名称</td><td colspan="2"></td><td colspan="2">施工单位</td><td colspan="2"></td></tr>
<tr><td colspan="3">主要工程量</td><td colspan="2"></td><td colspan="2">评定日期</td><td colspan="2">年　月　日</td></tr>
<tr><td rowspan="2">项次</td><td rowspan="2" colspan="2">项目</td><td rowspan="2">标准分（分）</td><td colspan="4">评定得分(分)</td><td rowspan="2">备注</td></tr>
<tr><td>一级 100%</td><td>二级 90%</td><td>三级 70%</td><td>四级 0</td></tr>
<tr><td>1</td><td colspan="2">外部尺寸</td><td>10</td><td></td><td></td><td></td><td></td><td></td></tr>
<tr><td>2</td><td colspan="2">轮廓线</td><td>10</td><td></td><td></td><td></td><td></td><td></td></tr>
<tr><td>3</td><td colspan="2">表面平整度</td><td>10</td><td></td><td></td><td></td><td></td><td></td></tr>
<tr><td>4</td><td colspan="2">曲面与平面联接</td><td>3</td><td></td><td></td><td></td><td></td><td></td></tr>
<tr><td>5</td><td colspan="2">扭面与平面联接</td><td>3</td><td></td><td></td><td></td><td></td><td></td></tr>
<tr><td>6</td><td colspan="2">渠坡渠底衬砌道</td><td>10</td><td></td><td></td><td></td><td></td><td></td></tr>
<tr><td>7</td><td colspan="2">变形缝、结构缝</td><td>6</td><td></td><td></td><td></td><td></td><td></td></tr>
<tr><td>8</td><td colspan="2">渠顶路面及排水沟</td><td>8</td><td></td><td></td><td></td><td></td><td></td></tr>
<tr><td>9</td><td colspan="2">渠顶以上边坡</td><td>6</td><td></td><td></td><td></td><td></td><td></td></tr>
<tr><td>10</td><td colspan="2">戗台及排水沟</td><td>5</td><td></td><td></td><td></td><td></td><td></td></tr>
<tr><td>11</td><td colspan="2">沿渠小建筑物</td><td>5</td><td></td><td></td><td></td><td></td><td></td></tr>
<tr><td>12</td><td colspan="2">梯步</td><td>3</td><td></td><td></td><td></td><td></td><td></td></tr>
<tr><td>13</td><td colspan="2">弃渣堆放</td><td>5</td><td></td><td></td><td></td><td></td><td></td></tr>
<tr><td>14</td><td colspan="2">绿化</td><td>10</td><td></td><td></td><td></td><td></td><td></td></tr>
<tr><td>15</td><td colspan="2">原状岩土面完整性</td><td>3</td><td></td><td></td><td></td><td></td><td></td></tr>
<tr><td colspan="3">合计</td><td colspan="6">应得　分,实得　分,得分率　%</td></tr>
<tr><td rowspan="6">外观质量评定组</td><td colspan="2">单位</td><td colspan="2">单位名称</td><td colspan="2">职称</td><td colspan="2">签名</td></tr>
<tr><td colspan="2">项目法人</td><td colspan="2"></td><td colspan="2"></td><td colspan="2"></td></tr>
<tr><td colspan="2">监理单位</td><td colspan="2"></td><td colspan="2"></td><td colspan="2"></td></tr>
<tr><td colspan="2">设计单位</td><td colspan="2"></td><td colspan="2"></td><td colspan="2"></td></tr>
<tr><td colspan="2">施工单位</td><td colspan="2"></td><td colspan="2"></td><td colspan="2"></td></tr>
<tr><td colspan="2">运行管理单位</td><td colspan="2"></td><td colspan="2"></td><td colspan="2"></td></tr>
<tr><td colspan="3">工程质量监督机构</td><td colspan="6">核定意见：

核定人:(签名)加盖公章
年　月　日</td></tr>
</table>

附件 3 表 14　水工建筑物外观质量评定表

单位工程名称		施工单位	
主要工程量		评定日期	年　月　日

项次	项目	标准分(分)	评定得分(分) 一级 100%	二级 90%	三级 70%	四级 0	备注
1	建筑物外部尺寸	12					
2	轮廓线	10					
3	表面平整度	10					
4	立面垂直度	10					
5	大角方正	5					
6	曲面与平面联接	9					
7	扭面与平面联接	9					
8	马道及排水沟	3(4)					
9	梯步	2(3)					
10	栏杆	2(3)					
11	扶梯	2					
12	闸坝灯饰	2					
13	混凝土表面缺陷情况	10					
14	表面钢筋割除	2(4)					
15	砌体勾缝　宽度均匀、平整	4					
16	砌体勾缝　竖、横缝平直	4					
17	浆砌卵石露头情况	8					
18	变形缝	3(4)					
19	启闭平台梁、柱、排架	5					
20	建筑物表面	10					
21	升压变电工程围墙(栏栅)、杆、架、塔、柱	5					
22	水工金属结构外表面	6(7)					
23	电站盘柜	7					
24	电线电缆敷设	4(5)					
25	电站油气、水、管路	3(4)					
26	厂区道路及排水沟	4					
27	厂区绿化	8					
合计		应得　　分,实得　　分,得分率　　%					

外观质量评定组成员	单　位	单位名称	职　称	签名
	项目法人			
	监理单位			
	设计单位			
	施工单位			
	运行管理单位			
工程质量监督机构	核定意见: 核定人:(签名)加盖公章 年　月　日			

注:量大时,标准分采用括号内数值。

附件 3 表 15　水利水电工程房屋建筑工程外观质量评定表

单位工程名称		分部工程名称		施工单位	
结构类型		建筑面积		评定日期	年　月　日

序号	项目		抽查质量状况										质量评价		
													好	一般	差
1	建筑与结构	室外墙面													
2		变形缝													
3		水落管、屋面													
4		室内墙面													
5		室内顶棚													
6		室内地面													
7		楼梯、踏步、护栏													
8		门窗													
1	给排水与采暖	管道接口、坡度、支架													
2		卫生器具、支架、阀门													
3		检查口、扫除口、地漏													
4		散热器、支架													
1	建筑电器	配电箱、盘、板、接线盒													
2		设备器具、开关、插座													
3		防雷、接地													
1	通风与空调	风管、支架													
2		风口、风阀													
3		风机、空调设备													
4		阀门、支架													
5		水泵、冷却塔													
6		绝缘													
1	电梯	运行、平层、开关门													
2		层门、信号系统													
3		机房													
1	智能建筑	机房设备安装及布局													
2		现场设备安装													
外观质量综合评价															

外观质量评定组成员	单位	单位名称	职称	签名
	项目法人			
	监理单位			
	设计单位			
	施工单位			
	运行管理单位			

工程质量监督机构	核定意见： 核定人：(签名)加盖公章 年　月　日

注：质量评价为“差”的项目，应进行返修。

附件3 表16　引水(渠道)建筑物工程外观质量评定表

<table>
<tr><td colspan="2">单位工程名称</td><td colspan="2"></td><td colspan="2">施工单位</td><td colspan="3"></td></tr>
<tr><td colspan="2">主要工程量</td><td colspan="2"></td><td colspan="2">评定日期</td><td colspan="3">年　　月　　日</td></tr>
<tr><td rowspan="2">项次</td><td rowspan="2">项　目</td><td rowspan="2">标准分
(分)</td><td colspan="4">评定得分(分)</td><td rowspan="2" colspan="2">备注</td></tr>
<tr><td>一级 100%</td><td>二级 90%</td><td>三级 70%</td><td>四级 0</td></tr>
<tr><td>1</td><td>外部尺寸</td><td>12</td><td></td><td></td><td></td><td></td><td colspan="2"></td></tr>
<tr><td>2</td><td>轮廓线</td><td>10</td><td></td><td></td><td></td><td></td><td colspan="2"></td></tr>
<tr><td>3</td><td>表面平整度</td><td>10</td><td></td><td></td><td></td><td></td><td colspan="2"></td></tr>
<tr><td>4</td><td>立面垂直度</td><td>10</td><td></td><td></td><td></td><td></td><td colspan="2"></td></tr>
<tr><td>5</td><td>大角方正</td><td>5</td><td></td><td></td><td></td><td></td><td colspan="2"></td></tr>
<tr><td>6</td><td>曲面与平面联接</td><td>8</td><td></td><td></td><td></td><td></td><td colspan="2"></td></tr>
<tr><td>7</td><td>扭面与平面联接</td><td>8</td><td></td><td></td><td></td><td></td><td colspan="2"></td></tr>
<tr><td>8</td><td>梯步</td><td>4</td><td></td><td></td><td></td><td></td><td colspan="2"></td></tr>
<tr><td>9</td><td>栏杆</td><td>4(6)</td><td></td><td></td><td></td><td></td><td colspan="2"></td></tr>
<tr><td>10</td><td>灯饰</td><td>2(4)</td><td></td><td></td><td></td><td></td><td colspan="2"></td></tr>
<tr><td>11</td><td>变形缝、结构缝</td><td>3</td><td></td><td></td><td></td><td></td><td colspan="2"></td></tr>
<tr><td>12</td><td>砌体</td><td>6(8)</td><td></td><td></td><td></td><td></td><td colspan="2"></td></tr>
<tr><td>13</td><td>排水工程</td><td>3</td><td></td><td></td><td></td><td></td><td colspan="2"></td></tr>
<tr><td>14</td><td>建筑物表面</td><td>5</td><td></td><td></td><td></td><td></td><td colspan="2"></td></tr>
<tr><td>15</td><td>混凝土表面</td><td>5</td><td></td><td></td><td></td><td></td><td colspan="2"></td></tr>
<tr><td>16</td><td>表面钢筋割除</td><td>4</td><td></td><td></td><td></td><td></td><td colspan="2"></td></tr>
<tr><td>17</td><td>水工金属结构外表面</td><td>6</td><td></td><td></td><td></td><td></td><td colspan="2"></td></tr>
<tr><td>18</td><td>管线(路)及电气设备</td><td>4</td><td></td><td></td><td></td><td></td><td colspan="2"></td></tr>
<tr><td>19</td><td>房屋建筑安装工程</td><td>6(8)</td><td></td><td></td><td></td><td></td><td colspan="2"></td></tr>
<tr><td>20</td><td>绿化</td><td>8</td><td></td><td></td><td></td><td></td><td colspan="2"></td></tr>
<tr><td colspan="3">合计</td><td colspan="6">应得　分,实得　分,得分率　%。</td></tr>
<tr><td rowspan="6">外观质量评定组成员</td><td colspan="2">单位</td><td colspan="2">单位名称</td><td colspan="2">职 称</td><td colspan="2">签名</td></tr>
<tr><td colspan="2">项目法人</td><td colspan="2"></td><td colspan="2"></td><td colspan="2"></td></tr>
<tr><td colspan="2">监理单位</td><td colspan="2"></td><td colspan="2"></td><td colspan="2"></td></tr>
<tr><td colspan="2">设计单位</td><td colspan="2"></td><td colspan="2"></td><td colspan="2"></td></tr>
<tr><td colspan="2">施工单位</td><td colspan="2"></td><td colspan="2"></td><td colspan="2"></td></tr>
<tr><td colspan="2">运行管理单位</td><td colspan="2"></td><td colspan="2"></td><td colspan="2"></td></tr>
<tr><td colspan="3">工程质量监督机构</td><td colspan="6">核定意见:

核定人:(签名)加盖公章
年　月　日</td></tr>
</table>

注:量大时,标准分采用括号内数值。

附件3表17 重要隐蔽单元工程(关键部位单元工程)质量等级签证表

<table>
<tr><td>单位工程名称</td><td colspan="2"></td><td>单元工程量</td><td></td></tr>
<tr><td>分部工程名称</td><td colspan="2"></td><td>施工单位</td><td></td></tr>
<tr><td>单元工程名称、部位</td><td colspan="2"></td><td>自评日期</td><td>年 月 日</td></tr>
<tr><td>施工单位自评意见</td><td colspan="4">1. 自评意见：
2. 自评质量等级：
终检人员(签名)</td></tr>
<tr><td>监理单位抽查意见</td><td colspan="4">抽查意见：
监理工程师(签名)</td></tr>
<tr><td>联合小组核定意见</td><td colspan="4">1. 核定意见：
2. 质量等级：
年 月 日</td></tr>
<tr><td>保留意见</td><td colspan="4">
(签名)</td></tr>
<tr><td>备查资料清单</td><td colspan="4">(1)地质编录 □
(2)测量成果 □
(3)检测试验报告(岩芯试验、软基承载力试验、结构强度等) □
(4)影像资料 □
(5)其他(　　) □</td></tr>
<tr><td rowspan="6">联合小组成员</td><td colspan="2">单位名称</td><td>职务、职称</td><td>签名</td></tr>
<tr><td>项目法人</td><td></td><td></td><td></td></tr>
<tr><td>监理单位</td><td></td><td></td><td></td></tr>
<tr><td>设计单位</td><td></td><td></td><td></td></tr>
<tr><td>施工单位</td><td></td><td></td><td></td></tr>
<tr><td>运行单位</td><td></td><td></td><td></td></tr>
</table>

注：重要隐蔽单元工程验收时，设计单位应同时派地质工程师参加。备查资料清单中凡涉及的项目应在“□”内大“√”，如有其他资料应在括号内注明资料名称。

参 考 文 献

[1] 韦景春,王卓甫,等.建设项目质量控制[M].北京:中国水利水电出版社,2001.
[2] 范世平,石建军.水利工程建设监理理论与实用技术[M].北京:中国水利水电出版社,2008.
[3] 水利部水利建设与管理总站.水利工程质量监督实务[M].北京:中国计划出版社,2003.
[4] 中华人民共和国水利部.SL 631～637—2012 水利水电工程单元工程施工质量验收标准[S].北京:中国水利水电出版社,2013.
[5] 中华人民共和国水利部.水利工程质量事故处理暂行规定[M].北京:中国水利水电出版社,1999.
[6] 中国水利工程协会.水利工程建设监理概论[M].北京:中国水利水电出版社,2010.
[7] 中国水利工程协会.水利工程建设进度控制[M].北京:中国水利水电出版社,2007.
[8] 中国水利工程协会.水利工程建设投资控制[M].北京:中国水利水电出版社,2007.
[9] 聂相田.建设项目进度控制[M].北京:中国水利水电出版社,1999.
[10] 刘秋常.建设项目投资控制[M].2 版.北京:中国水利水电出版社,1998.
[11] 水利水电监理员一本通编委会.水利水电监理员一本通[M].武汉:华中科技大学出版社,2008.
[12] 中国建设监理协会.注册监理工程师继续教育培训必修课教材[M].北京:中国建筑工业出版社,2012.
[13] 王海周,杨胜敏.水利工程建设监理[M].郑州:黄河水利出版社,2010.
[14] 李清立.建设工程监理案例分析[M].北京:清华大学出版社,北京交通大学出版社, 2004.